CLIMAT D' ITALIE

PREMIER TOME

DEUXIÈME PARTIE

TRAITÉ

SUR LE

CLIMAT DE L'ITALIE

CONSIDERÉ SOUS SES RAPORTS PHISIQUES
MÉTÉOROLOGIQUES ET MÉDICINAUX

DEUXIÉME VOLUME

CONTENANT QUATRE CHAPITRES
ET UN APPENDICE

PAR LE D.r T*** *Ancien Inspecteur des Hopitaux Militaires et des Eaux Minèrales de France: Proto-Mèdecin de la Province d'Alsace: Membre de plusieurs Acadèmies: aggrègé à la faculté de Venise etc.*

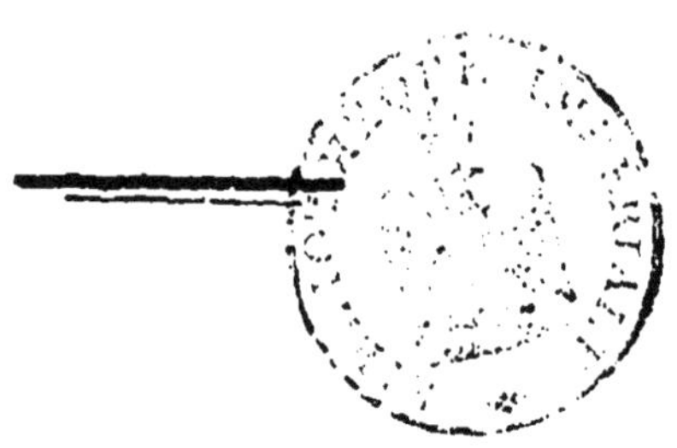

SE TROUVE DANS LES PRINCIPALES VILLES D'ITALIE

A VERONE

DE L'IMPRIMERIE GIULIARI
1797.

CHAPITRE QUATRIÈME

Application plus particuliére et extension de ce qui précéde, relativement aux régions de l'Italie Septentrionale, et spécialement à la Lombardie : aux maremmes et Lagunes de l'Etat Vénitien ; aux côtes de l'Ystrie et de la Dalmatie : différences remarquables entre le Littoral de l'Adriatique et celui de la Mediterranée.

La division de l'Italie en Méridionale et Septentrionale, en offre une trés réelle, par rapport à leur climat respectif. On a vu dans ce qui précéde les qualités dominantes du climat de la première, ainsi que leurs effets généraux sur la santé de ses habitants. On a vu aussi les grands traits caractèristiques de ce qui constitue proprement la partie haute et montueuse de l'Italie Septentrionale. Dans l'etendue de cette derniere, la partie principale, sous tous les rapports, est sans doute la grande vallée de la Lombardie ; et c'est de celle-ci dont il va être question dans ce chapitre. S'il est vrai que le climat, ou plutôt les climats de l'Italie soient, dans ses diverses regions, composés de qualités extrêmement différentes, il l'est aussi que la même région dans ses différents sîtes, présente à cet égard des différences notables; et la Lombardie est peut-être plus qu'aucune autre région, dans le cas de ces diversités locales, quant aux qualités particuliéres de la constitution atmosphérique de chacune de ses parties. Cette grande et féconde région, plus belle, plus peuplée qu'aucune autre de l'Italie, offre presqu'à chaque pas, aux regards des voyageurs, des Bourgs, des Citées, dont la plûpart même sont trés considérables; mais il en est peu qui se ressemblent quant aux attributs divers de leur climat respectif. Selon qu'elles sont situées à la circonférence, ou vers le centre de cette vaste plaine; à ses parties latérales, ou moyennes; à ses extrémités inférieures, à ses expositions montueuses, mediterranées, ou maritimes; selon que plus ou moins rapprochées des chaines qui la bordent, elles se trouvent ou découvertes, ou abritées à l'égard des grands courans d'air et d'eau, qui proviennent de ces vallées collatérales; enfin, selon leur dégré d'élévation, de ventilation, et d'irrigation; selon la nature des terreins et des cultures qui les environnent, il doit résulter, pour l'atmosphére de chacune d'elles, des différences sensibles de température, de composition, et de salubrité. Du complément des considérations physiques générales, exposées dans ce qui précéde, on peut facilement déduire la théorie et l'application de ces qualités différentielles, que confirment d'ailleurs les tables comparées de météorologie locale, et les observations particuliéres de médecine pratique. L'objet n'est point ici d'entrer dans les détails ni des unes ni des autres, et encore moins de donner ce que depuis *Hippocrate*, on a appellé Topographie Médicale, *de aëre, locis, et aquis*. Il suffit des généralités régionaires et stagionaires; de celles qui fondées sur les vrais principes de la physique experimentale, sont en même temps confirmées par les résultats de l'observation Clinique. C'est surtout dans les objets de cet ordre, dont les limites respectives sont difficiles à saisir, à assigner, qu'il faut craindre deux excès également dangereux, et peut être également familiers à ceux qui font des recherches sur la nature des climats: celui des généralités trop abstraites, trop vagues, qui conduisent à tout confondre; et celui des particularités trop minutieuses, trop recherchées, qui finissent par n'apprendre rien de ce qui est vraiment utile.

Dans le tableau général du climat de l'Italie, on a vu les grands traits qui caractérisent celui de la Lombardie, et ceux aussi qui distinguent ses diverses parties, en effet trés distinctes entr'elles. On a vu le concours des causes qui y entretiennent plus qu'ailleurs, et comme état permanent, une surabondante humidité terrestre, et atmosphérique; une ventilation variable, et souvent opposée; une évaporation énorme et générale, proportionnée pourtant à l'insolation, et à la ventilation combinées; une restitution, ou chûte d'eau atmosphérique, également proportionnée à cette évaporation, et à la réaction des chaines montueuses. Mais parmi toutes les formes de météores aqueux, qui manifestent cette circulation constante de l'humidité, ascendante et descendante, la plus habituelle sans doute, et la plus universelle dans la Lombardie, c'est celle des brouillards, de toutes les espéces, comme de tous les étages. Et d'un autre côté à cette circulation d'eau sous toutes les formes vaporeuses, pluviales, nébuleuses et autres, tiennent aussi le passage rapide, le transport alternatif de l'électricité d'une région à l'autre, ses congestions, ses décharges, ses explosions éclatantes, avec l'appareil des météores ignés, et orageux, ou bien son soutirement, et sa dispersion insensible. Enfin du concours de ces mêmes conditions, et dans le sein de cette mer d'exhalaisons de tout genre, au milieu de ce flux et reflux perpétuel de vapeurs, tantôt ventilées, tantôt stagnantes, mais toujours surchargées d'eau, dans les divers états de suspension, de dissolution, et de combinaison; état incessamment variable de l'un à l'autre, on voit se succéder avec plus ou moins de rapidité, de fréquence, et d'intensité, cette foule de météores, ces vicissitudes d'intempérie, dont les unes sont propres à propager, et d'autres à corriger le méphytisme de l'air; méphytisme qui pourtant n'y est remarquable qu'en certains lieux, et dans certains temps. En général la partie supérieure, ou Occidentale de la Lombardie, est bien plus soumise aux influences des intempéries, et la partie inférieure, ou Orientale à celle du méphytisme. Mais cette derniere, à raison de sa plus grande proximité de la Mer Adriatique, et de son plus grand évasement, éprouvant une ventilation plus puissante, et plus habituelle que la partie supérieure, qui est plus abritée par le reserrement, et l'élévation des chaines montueuses, il en résulte une correction, et une dispersion partielle de ce méphytisme de l'air. Sous ces mêmes rapports aussi de ventilation, et d'humectation, comme aussi sous ceux d'infection et de dépuration de l'atmosphére, il existe des différences notables entre la région sous-alpine de la Lombardie, considérée dans toute sa longueur, et sa région sous-apennine. Celle-ci est plus sous l'empire des ventilations boréales, et celle-là des ventilations australes: et delà dérivent aussi des différences entre leurs météores respectifs, et leur intempéries dominantes.

Parmi les effets qui rendent sensible cette réaction, que l'on vient de citer, exercée sans cesse de la part des chaines montueuses, sur toute l'étendue du bassin de la Lombardie, et principalement sur les régions limitrophes à ces chaines, il faut surtout distinguer les brouillards bas et opaques, qui détachés du fond de la plaine, s'élévent et se transmettent aux pentes montueuses qui la circonscrivent : tandis que d'autrefois de semblables masses vaporeuses, comme autant de torrens, descendent, se précipitent, et s'étendent à toute la plaine. Cette alternative est souvent, est surtout trés remarquable, soit au lever, soit au coucher du soleil, et plus encore lors des mutations de saison. Alors du centre de la Lombardie, lorsqu'on est placé à une élévation suffisante, on ne découvre jamais mieux les montagnes qui la bordent, que lorsque le fond de cette vaste enceinte est nébuleux; et au contraire ce grand bassin s'éclaircit à mesure que les monts se couvrent, et deviennent opaques. L'image en petit de ces brouillards bas et épais, et de ces nuages plus légers formés à leurs dépens, lesquels recouvrent tantôt le fond, et le centre des plaines; tantôt la cime ou les pentes des montagnes : cette image, dis-je, on la trouve dans la formation vraiment instantanée de ces espéces de fumaroles, qui, circonscrits à certains sîtes particuliers, soit dans le voisinage des masses d'eau, soit sur les pentes des montagnes, s'élévent en ondoyant dans l'atmosphére : ils se condensent en véritables nuées, qui éclatent et se dissolvent sous nos yeux, ou bien retournent en se courbant sur un autre point de la surface.

Ces colonnes de vapeurs font en quelque sorte l'office des Syphons, en transportant l'eau d'une région sur l'autre, d'une région inférieure à une supérieure, et reciproquement. Combien de fois, sur les pentes qui bordent l'Adriatique, et la Lombardie, j'ai vu ces trainées de vapeurs, ces Syphons atmosphériques, se détacher de la surface de la mer, ou de la plaine, pour se porter sur une colline, ou sur un pic du voisinage, et retomber ensuite sur un autre point des mêmes surfaces à quelques milles de là. Ces sortes de phoenoménes hydrauliques, ou plutôt hydro-electriques, sont plus communs encore sur les monts volcaniques, et sur les régions des mines; mais on les observe hors de ces circonstances, lors même que l'air ne paroit troublé, ni par aucun vent, ni par aucun mouvement de l'électricité. Cependant tout porte à croire que de tels effets tiennent ou à la présence de ce flui-de condensé dans l'atmosphére, ou à celui qui s'échappe de la terre: et dans tous ces cas il est à croire aussi, qu'il agit de deux maniéres pour la production de ces météores vaporeux, et né-buleux; soit qu'ils soient circonscrits à un site particulier, ou qu'ils s'étendent sur une grande surface; soit qu'ils se manifestent avec le concours, ou sans l'intervention des vents.

Que ces derniers influent pour beaucoup dans les mouvements de l'électricité atmosphérique, et qu'à leur tour les variations de celle-ci influent sur la génération, et la nature des météores venteux, cela est hors de doute. Il l'est également que l'état plus ou moins électrique de l'atmosphére, en changeant les qualités respirables, et vivifiantes de l'air commun, agit incessamment sur l'état des corps organiques, soit comme tel, et par sa masse aggrégative, soit en donnant lieu, par sa décomposition, à des combinaisons diverses. En général l'électricité est positive dans l'atmosphére sous l'empire des vents du Nord, et négative sous ceux du Midi. Dans toutes les circonstances où la chaleur, et l'humidité s'accroissent dans la masse de l'air, on voit s'y accroître aussi l'électricité, tantôt sous une forme, et tantôt sous l'autre : et comme dans ces mêmes cas l'évaporation de la terre, est pour l'ordinaire plus considérable, l'électricité apparente est toujours en raison de cette derniére. Lors qu'elle se fait en trop grande quantité, elle entraine avec elle toute l'électricité ; et alors les instruments électrométriques n'en donnent plus aucun signe. Mais si l'évaporation est graduée et modérée, alors l'électricité est positive ; tandis qu'étant au degré de pouvoir enlever la majeure partie de l'électricité terrestre, elle devient négative. C'est ce qui fait que dans les mêmes expositions, dans les mêmes circonstances apparentes, il arrive tantôt l'un et tantôt l'autre de ces deux états; et sur ce point les expériences des divers Physiciens sont souvent versatiles et peu d'accord.

L'électrisation d'un milieu, ou d'un fluide quelconque augmente, et entretient toute sorte de fermentations, et nommément la putréfactive. A cet égard les résultats des expériences de l'électricité artificielle, sont parfaitement d'accord avec ceux de l'électricité naturelle atmosphérique, surtout lorsqu'elle se manifeste par les symptômes de la détonation, de la fulguration, et de l'ignescence. Dans les constitutions éminemment scirocales, et humides, lorsqu'elles sont d'une certaine durée, on voit paroître la fréquence, et l'intensité des météores orageux : et souvent avec ceux-ci, comme par un effet de leur concours même, on voit reparoître dans certaines régions les accés des tremblemens de terre, et de la volcanisation sous toutes les formes. Alors aussi, c'est à dire aux époques scirocales et orageuses, on voit se développer, principalement dans les régions maremmatiques, et *laguneuses*, le veritable méphytisme de l'atmosphére, et avec lui, ou par lui, l'abondance des miasmes corrupteurs et fébriféres. Plus au contraire les saisons et les régions sont livrées aux vicissitudes des intempéries, et de la ventilation, moins elles sont soumises à l'influence du méphytisme. C'est pour cela qu'il ne faut pas confondre les impressions du sciroque d'hyver, avec celles du sciroque d'été; celles des lieux bas et humides, avec celles des lieux secs et élevés; celles enfin des lieux ventilés, et des lieux abrités: car à toutes ces circonstances tiennent de notables diversités dans les effets de ce météore malfaisant. Le sciroque sur mer, et sur les montagnes, est beaucoup moins insalubre que sur les plages et dans les plaines basses. Venise par exemple, quoique dominée les deux tiers de l'année par une influence éminemment scirocale, en souffre moins que son littoral, et que la plupart des villes de Terreferme. Cela tient d'une part à la grande humidité, et de l'autre, à la puissante et perpetuelle ventilation de son atmosphére. Peut-être aussi doit-elle cet avantage, comme on le verra ci-aprés, à ce que cet atmosphére est sans cesse régénèré, soit par une plus rapide décomposition des gaz méphytiques, soit par une plus abondante reproduction du gaz oxigéne, ou air vital. (voyez article suplémentaire, n.º 7).

A l'égard des parties intérieures et centrales de la Lombardie, elles sont trop éloignées des montagnes qui la bordent, pour participer, dans les mêmes dégrés, à la dépuration de l'air qui est propre à ces derniéres. Elles sont aussi trop éloignées de la mer, pour que leur atmosphére en soit renouvellé, et dépuré par le concours des marées, tant aqueuses qu'aériennes. Mais il est d'autres régions qui sont à la fois assez voisines de la mer, et des montagnes, pour que la ventilation de leur atmosphére soit empêchée par celles-ci ; pour que leur infection soit augmentée par les émanations insalubres de celles-là, et surtout par le mélange de l'air de la mer, et de celui des plages marécageuses, **ou** aquatiques ; mélange qui est le pire de tous. Aussi observe-t-on que c'est alors, c'est à dire dans les maremmes, et les lagunes voisines des lieux abrités, que **le mauvais air** acquiert le plus de force : et nous en avons cité ailleurs des exemples, tant sur les differentes parties du littoral de la Méditerranée, que sur celui de l'Adriatique. On voit cependant qu'à une certaine élévation au-dessus du niveau de la mer, et des lieux infectés de ce mauvais air, son influence est beaucoup moindre : comme aussi on la voit diminuer à mesure qu'on s'éloigne des foyers de sa reproduction. Ces faits prouveroient de deux choses l'une, sçavoir : ou que ce n'est point la moféte, dite inflammable, qui constitue proprement le mauvais air des plaines et des plages marécageuses ; ou bien que celle-là à mesure qu'elle passe, et se délaye dans l'air commun, se décompose, ou se neutralise. On reviendra ci-aprés sur cet objet, bien que déjà traité en partie dans ce qui précéde. Il s'agit à présent de continuer la description topographique, et hydrographique de la Lombardie.

Trés anciennement, au temps de *Polybe* par exemple, et même jusqu'au dixiéme siécle, il y avoit beaucoup plus de marais et de forêts qu'à present. Mais depuis un siécle environ, il y a beaucoup plus d'irrigations artificielles, de cultures boisées, et de riziéres. Quoique celles-ci se soient étendues partout, depuis les plaines du Piémont jusqu'aux Lagunes de Venise, c'est cependant vers le centre de la Lombardie, que s'est principalement accrüe leur culture, depuis le milieu de ce siécle. C'est aussi de cette cause principale que l'on a fait dériver les atteintes de mauvais air qu'éprouve incontestablement, et surtout vers sa partie centrale, cette vaste plaine, la plus belle et la plus fertile de l'Europe. Mais il est d'autres causes, non moins actives et plus génèrales, qui sont en quelque sorte inhérentes a son sol, et dont il sera parlé ci-aprés. Renfermée entre deux hautes chaines de montagnes, qui la bordent presque de partout; baignèe a son extrêmité orientale par la mer Adriatique, dont elle fit autre fois partie, et dont elle reçoit encore les exhalaisons, la nature de son sol est d'être trés humide, et celle de son atmosphére, trés nébuleuse; n'éprouvant d'ailleurs, en raison de son enceinte montueuse, qu'une ventilation imparfaite dans ses couches inférieures. En outre l'exhaussement progressif des principaux fleuves qui l'arrosent, le rallentissement de leur cours, mais sur-

tout la quantité innombrable de canaux d'irrigation et de navigation, que l'on tire de ces fleuves, concourent encore beaucoup á rendre cette
région humide et nebuleuse; circonstance toujours favorable à la production du mauvais air,
avec l'action d'un soleil ardent sur un sol gras,
fertile, mouillé de toute part.

Il y a cependant de trés grandes différences
dans les dégrés du mauvais air de la Lombardie,
méme celui des lieux à rizières, à maremmes,
et à prairies marècageuses, lors qu'on le compare à celui des plages et des côtes de la Méditerranée, dans les États de Toscane, de Naples,
et de Rome: et ces différences tiennent principalement à celle de la ventilation dominante, et
de la temperature habituelle. Celle de la Lombardie tient plus du froid que du chaud, bien
que garantie du vent du Nord par les Alpes, et
de ceux du Midi par les Appennins. Le voisinage des premières, toujours couvertes de neige,
répand dans son atmosphère un principe constant
et salutaire de fraicheur; tandis que les secondes la preservent de la trop grande impétuosité
des chaleurs scirocales. C'est de là en grande par-
tié, que résulte sa tempèrature douce; comme de
son abondante irrigation dépend son extrème fe-
condité, autre principe de salubritè. Mais d'un
autre côté, cette circonvallation montueuse, son
embouchure a l'Adriatique, son immense aquosi-

té, sa qualité habituellement nébuleuse, et bru-meuse, la rendent trés sujette aux orages, aux débordements, et à la stagnation des eaux. Ce concours de causes, avec le manque de ventilation suffisante, y fait naître un principe d'insalubrité méphytique, le plus souvent combinè avec une constitution d'air humide et chaude: constitution éminemment propre à féconder, et à propager ce principe aëriforme d'insalubrité, en quelque sorte territoriale, indépendamment même de ce qui tient aux riziéres.

On est allé jusqu'a prétendre que ces der-niéres mêmes ne sont point malsaines essentiel-lement, par les exhalaisons qu'elles répandent sur les pays qui les avoisinent: et l'on ajoute que si elles sont quelque fois rendues telles, ce n'est que par quelques circonstances locales et passa-gères, comme celle par exemple, de remuer et de cultiver des fonds tourbeux etc. On a preten-du aussi que la macèration du chanvre dans l'eau, qu'on avoit regardée jusqu'à prèsent comme une sorte de marais artificiel, ainsi que les rizières, est une opèration tout-à-fait innocente sur l'at-mosphère environnant. *Le Docteur Matteo Zac-chiroli*, d'après des expèriences qui ne paroissent rien moins que concluantes, assure que les eaux de roüissage n'éprouvent aucune sorte de putré-faction; et il leur attribue au contraire des pro-priétés médicinales antiseptiques etc. Il prouve que les viandes immergées dans ces eaux, se conservent, aulieu de se pourrir. Leur odeur fétide, provenant uniquement de l'extraction d'une substance gommeuse, trés odoriferante, avoit suffi pour faire croire à leur putréfaction ; mais *cet argument*, dit il, *n'est bon que pour ceux qui raisonnent du nez*. Il s'appuye aussi de l'exemple des Tanneries pour prouver que la puanteur d'un lieu, ou d'un milieu, ne suffit pas pour faire croire à son infection corruptive. Afin de confirmer encore davantage son assertion en faveur des eaux de roüissage, il les compare à celles des marais proprement dits. Celles-là n'exhalent, selon lui, qu'un peu d'acide carbonique, gâz antiseptique de sa nature, et qui d'ailleurs se perd bien vîte dans l'atmosphère ; tandis que les eaux des marais, remplis d'animaux et de végétaux pourrissans, exhalent continuellement une grande quantité de gâz hydrogéne, plus ou moins carbonisè, ou hépatisé, de gâz azote, et de gâz ammoniacal, qui tous sont des germes de maladies. Enfin il a recours à l'observation pratique pour établir la différence qui existe, quant à l'état de santé, entre les habitants des lieux marécageux, et ceux des endroits voisins au roüissage des chanvres et des lins. Ces derniers lieux, selon lui, sont trés sains, et peut-être plus sains par cela même, à l'exemple des tanneries et des boucheries, dont le voisinage a servi, dans quelques circonstances de maladies épidémiques, a la sanification de l'atmosphére, soit en neutralisant, soit en précipitant un autre principe de méphytisme.

Mais pour ce qui concerne les effets du roüissage des chanvres, il faut observer que les qualités des eaux, qui servent à cette opération, véritablement putréfactive, ne prouvent rien en faveur des qualités de l'air ambiant. C'est ainsi par exemple, que l'eau de la mer, bien que possédant une vertu antiseptique, à son dégré de salure ordinaire, n'en éxerce pas moins une action corruptrice sur l'eau douce, à laquelle elle se méle, ainsi que sur la masse d'air qui l'environne, par le mélange de ses exhalaisons. D'ailleurs il ne faut pas confondre le roüissage qui se fait dans les eaux vives et courrantes, avec celui des eaux stagnantes et bourbeuses. Ce dernier est incontestablement malsain, et propre, ainsi que les véritables marais, à communiquer la fiévre, surtout lorsqu'il se pratique, comme c'est l'usage, à la fin de l'Èté. Aussi le Gouvernement de Piémont, éclairé par l'organe de l'Academie a suggéré des précautions relatives a cette cause d'insalubrité, laquelle semble être peu différente de celle des riziéres.

A l'égard de ces derniéres, il paroit qu'il en est de beaucoup plus malsaines les unes que les autres, à raison de la qualité du sol, et des eaux fluviatiles ou coeneuses, qui servent à sa submersion habituelle. Mais trop d'exemples attestent, en Lombardie, comme ailleurs, l'influence insalubre de cette culture marécageuse, sur ceux qui sont immédiatement exposés à ses émanations, pour qu'on puisse encore la révoquer en doute. Cependant M. *Gattoni* a trouvè que sur les riziéres du Piémont, d'où il se dégage certainement une grande quantité de gâz hydrogéne, il y a beaucoup plus d'air vital que sur le mont *Legnone*, qui est un des plus élevés des Alpes Milanoises. M. *De Saussure* a fait des observations analogues. Il en résulte que l'air au sommet des montagnes est en gènèral moins pur que dans les plaines, quoiqu'il y soit plus pur que sur les riziéres. On a cherché à expliquer ce résultat du Physicien de Genéve, en disant que l'électricité étant fort grande sur le sommet de ces hautes montagnes, et le gâz hydrogéne gagnant toujours les régions les plus élevées de l'atmosphère, à raison de sa légèreté spécifique, il se fait une combinaison de ce dernier gâz avec l'oxygéne de l'air commun, par l'interméde du fluide électrique: et que, de cette récomposition de l'eau, suit nècessairement une déperdition d'air vital dans la constitution de l'atmosphére des régions montueuses. Mais ne pourroit-on pas tirer de là une conséquence toute contraire, à l'egard de la pureté respective de l'air des plaines et des monts? et d'ailleurs la prééminence de ceux-ci sur celles-là, quant à la salubrité de l'air, n'est-elle pas suffisamment prouvée par des faits journaliers, par l'expérience de tous les temps et de tous les lieux? On ne veut pas nier pour cela que le gâz hydrogéne qui se dégage des plaines, des marais et des riziéres; qui se dégage aussi de tant d'autres corps de la surface et de l'intérieur de la terre, comme du bassin des mers, ne s'éléve constamment dans les régions supérieures de l'atmosphère; ni que la surabondance de ce gâz inrespirable ne soit peut-être au détriment de l'air vital, dans une masse donnée d'air commun. On ne veut pas contester non plus que le gâz hydrogéne ne serve à la récomposition de l'eau, par le moyen du fluide électrique, comme on croit aussi que ce dernier fluide, dans d'autres circonstances, sert également à la décomposition de l'eau. Mais avant de rien conclure de cette double opération, regardée comme praticable dans le sein de l'air, et comme cause de dépuration, ou de détérioration de ce dernier, il faudroit avoir décidé si le gâz hydrogéne pur, est par lui-même un principe d'insalubrité; et c'est ce qui ne l'a point encore été jusqu'à-présent, comme on le verra ci-après.

Au surplus, en admettant comme opération chymique habituelle, et extemporanée, dans l'atmosphère, la décomposition, et la récomposition

de l'eau, par l'électricité, ainsi que le dégagement du calorique et de la lumiere, qui en seroit la suite, il n'y auroit plus de phœnomêne
physique, et météorologique, que l'on ne puisse
expliquer. Telle seroit par exemple, la formation soudaine de ces masses énormes de vapeurs
et de nuâges, que l'on voit s'accumuler sur les
sommets des montagnes, au milieu même d'un
ciel serein partout ailleurs. Alors ces grouppes
et ces pics de montagnes, considérés comme foyer d'électricité puissante, moitié atmosphérique,
et moitié souterraine, ou mètallique, aulieu de
ne remplir que le seul office de chapiteaux, servant à la condensation, et à l'attraction des vapeurs aqueuses, repandues sous toutes les formes
dans l'atmosphère; aulieu de simples rèceptacles
servant à leur filtration, pour donner naissance
aux fleuves, rempliroient en outre dans l'ordre
physique, l'importante fonction de servir à la
régènération de l'eau: comme dans d'autres circonstances, opèrant sa décomposition, ces régions
élevées, serviroient de milieu et de laboratoire
pour la production des gâz ou fluides aëriformes,
et par conséquent à celle de toute sorte de météore.

Mais avec cette facilité de suppositions indé-
terminèes, à l'égard des combinaisons possibles,
et des transmutations vraisemblables, entre les trois
ou quatre fluides universels, l'eau, l'electricité,

le calorique, et la lumière, bientôt on ne sçauroit plus où l'on devroit s'arrêter. Il n'y auroit plus rien que l'on ne puisse supposer possible dans les grandes opérations de la nature, ni rien que l'on puisse calculer avec sècurité dans celles de l'art. Alors l'imagination, de proche en proche, s'abandonnant à la contemplation de tous les résultats, que la nouvelle physique sçait expliquer, par l'intervention toujours présente, et l'action toujours réciproque, de quelques fluides inépuisables dans leur source, et reproductifs l'un de l'autre ; l'imagination, dis-je, pourroit aisément, au moyen d'une simple opération chymique, naturelle et spontanée, realiser les plus grands événements de la météorologie terrestre et atmosphèrique. Et qui sçait si elle n'iroit pas jusqu'à faire dèriver de là, dans des circonstances faciles à justifier, la formation du dèluge universel, ou l'embrasement général du Globe etc.... On reviendra ailleurs sur cette grande question de la permutabilité de l'eau et de l'air. L'objet présent est de reprendre la description topographique de la Lombardie.

Dans cette vaste région, longue de plus de 200 milles, et large d'environ un tiers, vers sa partie inférieure surtout, on trouve ça et là des indices de volcanisation; et tout annonce qu'elle brula longtemps, lorsqu'elle étoit encore recouverte des eaux de la mer. De ces indices les uns s'observent épars, de loin en loin, sur le pourtour montueux de la Lombardie, tant du côté des Alpes, depuis le lac Majeur jusqu'au Frioul, que du côté des Apennins, depuis le Plaisantin jusqu'à la Romagne. Mais les débris volcaniques les plus abondans, et les plus ramassés, lesquels sont partout entremêlès de dépots marins, se trouvent dans le bassin même de la Lombardie, le long de sa région sous-Alpine, depuis le Véronois jusqu'au Bassanois. Les grouppes les plus considérables de ces productions Volcanico-marines, sont ceux qni composent les monts Bériques, et les Euganéens, lesquels paroissent comme autant d'Isles, ou de Péninsules, projettées dans le sein de la plaine. On verra dans *le traité des Volcans d'Italie*, comment ces derniers, situés sur la pente Méridionale des Alpes, ainsi que ceux placés sur la pente Septentrionale des Apennins, ont dû leur origine à des ramifications collatérales, détachées des grands cordons de mines charboneuses et piriteuses, qui suivent les deux chaines bifurquées de ces montagnes. Il suffit de remarquer ici, que ces volcans tous éteints de l'Italie Septentrionale (au contraire de ceux de la Meridionale); que les dépots de ces mines encore existants, bien que fournissant les uns et les autres des restes d'exhalaisons mephytiques, ne paroissent influer en rien sur la constitution de son climat. C'est plutôt dans sa configuration générale, et dans son exposition topografique, qu'il faut en chercher les causes, et les qualités dominantes.

Il suffiroit pour préjuger quelles elles peuvent être, de jetter un coup d'oeuil sur une carte exacte de la Lombardie, dans toute son étendue. Nülle autre partie du monde n'offre peut-être, sur une espace égal, autant de fleuves, ni autant de lacs; autant de marais, d'arbres, de cultures, etc. Tout y représente la fécondité, et la population. La plupart des grandes riviéres qui de la chaine des Alpes tombent et se distribuent dans ce grand bassin longitudinal, offrent dans leur cours général, du levant au couchant, une courbure particuliére vers le Midi: tandis que celles qui viennent de la chaine des Apennins, parcourant moins d'espace, suivent des lignes plus droites, et se jettent dans les précédentes presque à angle droit. Autant ces cours d'eau dans la moitié supérieure, ou occidentale de la Lombardie, s'inclinent vers le Sud-Est, autant ils retournent vers le Nord dans la moitié inférieure, ou Orientale. Ces différentes circonstances, de la courbure, et de l'inclinaison des plus grands fleuves, ainsi que de l'insertion presque transversale de ceux du deuxiéme ordre, contribuent beaucoup, outre le peu de pente qu'ils ont déjà, au rallentissement de leur cours, à leurs épanchemens, et à leurs atterrissemens. Ces mêmes circonstances font voir que la Lombardie étant composée de deux plans inclinés, dans sa largeur, la ligne la plus déclive ne se trouve pas à beaucoup prés dans sa partie centrale, ou moyenne; mais qu'elle est bien plus rapprochée des Apennins que des Alpes. Il faut attribuer ces différences de pente et de nivellement, d'une part, à ce que les cours d'eaux provenant des Alpes, sont beaucoup plus forts, plus rapides et plus nombreux; et d'autre part, à la resistance qu'oppose la mer au dégorgement de ces fleuves reunis à ceux des Apennins. Cette resistance fait en quelque sorte l'office d'une contre-pente par rapport au plan incliné, que forme la Lombardie dans toute sa longueur: plan incliné dont la pente est beaucoup moins grande de Mantoue à la Mer Adriatique, que du Piémont à Mantoue. C'est ici que commence vraiment la région paludeuse de la Lombardie.

Qu'on se représente un espace triangulaire, dont la pointe seroit dans les lacs et les marais du Mantouan, et dont la base s'étendroit le long des lagunes à demi-submergées du littoral de l'Adriatique, depuis Altino, jusqu'à Ariano, ou même de Gorice à Ravenne. Dans cet espace, combien de fleuves qui s'entre-communiquent, en versant leurs eaux les uns dans les autres? Combien de canaux qui s'entre-croisent, et portent leurs eaux d'une fleuve à un lac, et d'un lac à un marais? En suivant la ligne centrale de cette

24

vaste enceinte, laquelle n'est point celle des plus grands cours d'eau ; en parcourant, par exemple, cette ligne depuis Mantoue à Rovigo, et de Rovigo à Fossone, on trouve partout des bas fonds marécageux, des petits lacs, des grandes vallées stagnantes. On trouve les Polesines du Veronois, du Ferrarois, du Rovigois etc., et partout d'immenses plantations d'arbres, d'arbustes, et de haies, ressemblent à des forêts baignées d'eau de toute part.

Mais outre les fleuves et les riviéres, qui naissent des chaines montueuses, et qui fournissent par leurs divisions infinies, par leurs entrelacemens nombreux, par leurs épanchemens, à cette surprenante irrigation de la plaine, formant partout des riziéres, des prairies, des lacs et des tourbiéres, il est aussi une autre classe presque innombrable de cours d'eau plus petits, qui prenant naissance dans le sein même de cette plaine, la convertissent, pour ainsi dire, en un vaste marécage. On voit ce phoenoméne du surgissement des eaux souterraines jusque dans les parties centrales, les plus éloignées des montagnes et des collines. C'est ainsi qu'au milieu des vallées du Mantouan, du Véronois, du Ferrarois, dans les plaines du Padouan, et du Rovigois, on voit naître des sources, des ruisseaux, même assez forts, à peu de distance des riviéres, et du passage des grands fleuves, sans le secours d'aucune éminence prochaine. Dans la plupart de ces lieux, il suffit de creuser des fossés, à quelques pieds de profondeur, pour en voir sortir des eaux pérennes, qui, à l'aide d'une pente légére, se portent au loin par un cours tortueux, et vont grossir les fleuves issus des montagnes, ou se perdent dans des terres plus basses. L'origine de ces cours d'eaux intérieurs, bornés à quelque trajet dans la plaine, est düe en partie à la pression exercée de la part des masses d'eau plus elevées, celles des lacs et des monts, placés à la circonférence : elle est düe aussi aux masses d'eau stagnantes souterraines, à celles ramassées dans les grands dépots fluviatiles, dans les bancs de glaise et de gravier, qui se trouvent çà et là un peu plus élevés que les bas fonds de la plaine.

On a des exemples en Hollande, et dans les Pays bas, de ces eaux jaillissantes, soulevées par la pression des eaux supérieures, et soutenues par leur communication souterraine à de grandes distances. On vient d'en avoir d'autres preuves dans les lagunes de Venise, ou en perçant des puits peu profonds, dans de petites Isles plattes, entourées d'eau salée, l'on a vu s'élever de l'eau douce, qui ne peut venir que du continent par des filtrations sous-marines, et même trés probablement des montagnes du Frioul. J'ai des raisons de croire que les sources Thermales du Padouan tirent originairement leurs eaux de

ces mêmes montagnes, et non des collines Euganéennes, autour et au bas desquelles on les
voit sourdre, comme autant de torrents d'eau
presque bouillante. Sur la rive droite du Pô, dans
plusieurs endroits du Parmesan, et du Bolonois,
on trouve des sources d'eau salée, dont l'origine est dans les pentes de l'Apennin. A Modéne
et dans les environs, lorsqu'on perce des puits
profonds de prés de cent pieds, il en sort jusqu'
à la surface de la terre, des courans d'eau douce, dont j'ai trouvé l'origine dans les montagnes
qui sont à 12 ou 15 milles de là. Dans le Véronois, à peu de distance des bords de l'Adige inférieur, la plupart des cours d'eau qui servent à
l'irrigation des riziéres, et des prairies, se tirent
par des canaux artificiels, ou bien sortent spontanément sous forme de sources, des grands bancs
de sable qui bordent, ou qui entre-coupent les
vallées ; tandis que dans d'autres parties, et dans
la majeure partie de la Lombardie Vénitienne, ce
sont des cours d'eaux élevés par de hautes digues, qui servent à l'irrigation, er à la navigation.

Enfin, partout dans cette vaste plaine, le tableau de l'hydrologie, tant superficielle que souterraine, tant celle de l'intérieur, que celle du
pourtour montueux, présente des phoenoménes
de la nature, et des prodiges de l'industrie. Tantôt en élevant et soutenant par des chaussées et

des écluses, les cours d'eau, tantôt en les appro-
fondissant par des canaux et des reservoirs, l'art
a tout fait ici pour les multiplier, pour les grossir, et pour les étendre; pour en accroître les
épanchemens et les atterrissemens. Mais tout en
cherchant à augmenter les irrigations, et la fécondité du sol, on en a aussi augmenté les exhalaisons méphytiques, les vapeurs, les brouillards,
les intempéries, et par conséquent l'insalubrité de
l'atmosphére. Tous ces moyens, ces agens, ces
effets, sont encore bien plus remarquables dans
le dernier quart inférieur de la Lombardie, que
dans le surplus. C'est principalement aussi dans
les Polesines, et au voisinage des Lagunes, que
se multiplient les causes d'infection par le mélange des exhalaisons de la mer avec celles des
marais d'eau douce; par le refoulement des eaux
fluviatiles, et celui des marées, ainsi que par
les vents les plus ordinaires du Sud, et du Sud-
Est. A ces causes de la plus grande insalubrité
de la Lombardie Adriatique, ajoutez encore le boi-
sement plus considerable et l'évasement beaucoup plus vaste, de cette région, comprise entre
les monts du Frioul, et ceux de la Romagne.
Les remoux, ou contre-courans de l'atmosphére, qui naissent de cette circonstance, ainsi que
de l'abaissement des chaines collatérales, des Alpes et des Apennins, ainsi que du prolongement
transversal des chaines Bériques, et Euganéennes,

jusque vers le tiers de la plaine, sont autant d'obstacles à la libre, et spacieuse ventilation de cette plaine.

C'est pourtant à ce dernier moyen, celui d'une ventilation puissante et continuelle, qu'il faut attribuer principalement la dépuration d'un atmosphére, altéré par tant de causes locales. Elle s'opére non seulement par le cours des vents irréguliers et passagers, qui se succédent avec une grande rapidité, dans le Golfe Adriatique; mais elle resulte encore des mouvements réguliers et périodiques, c'est à dire, de cette espéce de flux, et de reflux général, qui se perpetue dans la masse des eaux, comme dans celle de l'atmosphére. Ces marées atmosphériques, tant celles de pression, que celles de raréfaction, alternatives, observables partout, sont particuliérement remarquables dans les grandes vallées collatérales, et dans les principaux lacs, qui débouchent sur la vaste plaine de la Lombardie: et à cette circonstance, ainsi qu'aux grands courans d'eau et d'air, provenants de ces valiées, tient sans doute en partie l'assainissement de son atmosphére.

On peut croire avec un fondement suffisant, que les mémes causes physiques, qui produisent les diverses marées aëriennes, et leurs effets salutaires, contribuent également à faire varier l'état chymique, et la température de l'atmosphére; que ces marées elles-mêmes influent sur le méphytisme, comme sur l'électricisme de l'air, ainsi que sur la production d'un grand nombre de faits météoriques . . . . (voyez *article suplémentaire* N.º 5.). On ne peut douter enfin qu'elles ne soient utiles à la dépuration de l'air, lequel sans doute s'altereroit par son repos, comme l'eau des mers, si elle n'étoit pas sans cesse agitée par ce flux et reflux continuels. Mais si ce moyen général de sanification est suffisant dans les cas où l'air atmosphérique ne rencontre aucune cause d'infection locale, il n'en est pas de même lorsqu'il s'en trouve, comme dans une infinité de lieux en Italie. Les plaines de Flandre, bien que basses, et remplies d'eau, ne sont pas sujettes au fléau du mauvais air, comme l'est celle de la Lombardie, par exemple, à laquelle pourtant celles-là ressemblent sous ce rapport, ainsi que par la circonstance de communiquer au bassin des mers, par un grand espace. Mais à raison de ce voisinage même de la mer du Nord, il règne dans ces vastes plaines, en toute saison, des vents qui dissipent ou corrigent les exhalaisons méphytiques, ainsi que les vapeurs, et les brouillards qui se forment, ici comme ailleurs, de la grande aquosité, et de l'insolation. D'ailleurs, outre ce double correctif de l'intempérie, et du méphytisme, les vents du Sud, et du Sud-Est, qui en Italie sont si souvent malsains, à raison de leur humectation, et de leur échaufement, par leur passage sur les mers, sont au contraire, dans les Flandres, secs, élastiques et par conséquent salubres, à cause du long trajet qu'ils parcourent sur des continens montueux.

Hippocrate attribuoit en grande partie a la constance et a la modération des vents, l'insalubrité du climat de l'Asie. Il attribuoit aussi la force et l'esprit des Européens, aux changemens fréquents dans les mouvemens, et dans les combinaisons de l'air qu'ils respirent. C'est l'air, disoit-il, qui communique la sagesse au cerveau ... Mais si les vents apportent quelquefois de l'insalubrité, souvent aussi ils produisent un effet contraire. *Lancisi*, aprés avoir exposé les dangers du vent du Midi, et du Sciroque, remarque avec justice, que le premier n'est pas toujours l'avant-coureur de la pluye; que lorsqu'il est doux et modèré, il ne nuit pas à la salubrité; qu'il n'y porte atteinte que lorsqu'il est violent, accompagné de tourbillons, et surchargé de miasmes enlevés sur les terreins marécageux et coeneux. Son influence est facilement corrigée par les vents du Nord, et par ceux de l'Est, qui ramenent la sérénité. Cette succession des vents communique à l'air un mouvement salutaire, et change presque toujours d'une maniére utile les combinaisons de l'atmosphére.

Ces remarques sont spécialement applicables au climat de la Lombardie; et l'on ne peut douter qu'une ventilation libre, et variable; que des canaux bien ouverts, une irrigation bien courante, une végétation vigoureuse, ne soient les causes qui contribuent le plus à la fraicheur, et à la salubrité de ce pays. Mais ce n'est pas moins une chose d'observation générale, que dans les grandes plaines, entourées et abritées de hautes chaines montueuses, arrosées et imbibées de beaucoup d'eaux, en partie courantes et en partie stagnantes, entrecoupées et surchargées partout d'immenses plantations d'arbres, ou de cultures équivalentes par leur élévation etc. : c'est, dis-je, une régle générale que dans de telles enceintes, qui reunissent à la fois les qualités des marais et des forêts, les fiévres soient en quelque sorte endémiques, et souvent épidémiques. La Lombardie posséde au suprême dégré toutes ces conditions. Elle y joint de plus celle de toucher par un aspect peu salubre, à l'égard des vents, a un grand Golfe maritime: celle aussi de contenir des marais salés contigus, et souvent mélés à des marais d'eau douce; enfin des marais artificiels extrémement multipliés, en nature de roîses, de riziéres et de prairies. Aussi en comparant la Lombardie, sous le rapport de sa constitution fiévreuse, à d'autres plaines qui, quoique moins vastes, lui ressemblent à plusieurs de ces égards, par exemple, l'Alsace, on trouve de grandes différences, par rapport à l'intensité, à la durée, et à l'universalité de cette constitution. Mais une observation qui se présente partout, c'est que l'influence d'une telle constitution, se fait ressentir selon les années, et les saisons de l'année, tantôt dans les parties moyennes et basses; tantôt dans les contours et les parties latérales, ou montueuses de ces grandes plaines : ce qui etablit une différence essentielle dans la pratique de ces fievres.

Dans la partie supérieure et Piémontoise de la Lombardie, bien que la plus abritée de presque tous les vents, et qu'en effet il y en ait moins que partout ailleurs, il y règne cependant un fond d'intempérie crue et penetrante. L'on y éprouve un passage, aussi rapide que fréquent, de l'intempérie chaude à la froide. L'atmosphére étant échauffé dans ses couches inférieures, par les effets de la reverbération solaire, dûe à cette enceinte montueuse, refroidie en même temps dans ses couches supérieures, par les émanations des neiges et des glaces, qui recouvrent les sommets de ces montagnes circulaires, il se fait dans son sein une raréfaction et une condensation alternatives, une sorte de marée aërienne locale, qui s'exerçant du haut en bas, et du bas en haut, equivaut, pour ainsi dire, à deux ventilations contraires : et à cette espéce de flux et reflux d'air, correspond un égal mouvement réciproque dans l'électricité. Si telle est en effet la constitution dominante de l'atmosphére dans la partie haute de la Lombardie, c'est à elle qu'il faut attribuer la prédominance des affections catharrales, rhumatiques, fluxionnaires, et inflammatoires, qu'on y observe plus particuliérement que dans les régions inférieures. A mesure qu'on s'avance vers celles-ci, jusqu'aux plages et aux maremmes de l'Adriatique, on voit prédominer au contraire les maladies d'un caractére putride et colliquatif, les fiévres paroxistiques compliquées, les soporeuses etc. Néanmoins dans les gorges même du Piémont, bien qu'exemptes de méphytisme local, mais également privées des effets salutaires des vents du Nord, et du Nord-Est, on voit souvent régner, à la fin des Etés trop longs et trop chauds, des fiévres intermittentes assez graves, qui ne sont dissipées que par le froid, et les pluyes de l'Automne. Mais dans ces fiévres on ne retrouve pas la même dégénèration putride, ni la même tendance au type pernicieux, que dans les lieux bas et méphytíques. Aussi le Kinkina n'y est pas également indiqué.

Le Nord du Milanois est occupé par des lacs, et par les derniéres ramifications des Alpes, dont le concours est de rendre son atmosphére froide, brumeuse, et humide; tandis que le Midi, composé de plaines basses et aquatiques, n'est pas exempt de vapeurs méphytiques. Ces deux sortes d'atmosphère, dont la ville de *Milan* occupe a

34

peu-prés le centre, se combattant et se combinant
sans cesse, il en résulte des maladies d'un caractére mixte, affectant souvent la poitrine: maladies dont les plus ordinaires sont des fiévres ai-
gües, putrides ou malignes, quelquefois vermineuses, et des fiévres lentes nerveuses, dégénèrant en hydropisie. Mais à mesure qu'on s'approche de la ligne centrale de la Lombardie, vers
le territoire Mantouan, à mesure s'accroît la double cause d'insalubrité, qui tient à la stagnation
des eaux, et à l'épaisissement de l'air. Il y a
cependant moins de brouillards que dans le Milanois proprement dit. C'est ici le véritable domaine de ce météore, et il y régne presque toute l'année. Mais il n'en ètoit pas ainsi dans les
temps reculès; et l'on connoit les èpoques, ainsi
que les causes de son accroissement, remarquable nommément depuis un siécle. On a eu raison de dire que le Milanois est devenu, ainsi que
la Hollande, un labyrinthe de canaux coupés
dans tous les sens, et dans toutes les directions.
Ces canaux, dont le Tésin et l'Adda font les
principaux frais, ont converti tout ce territoire, ainsi que les provinces de Pavie, et de Lo-
di, en autant de prairies artificielles et de rizières. Mais outre la prodigieuse évaporation qui
resulte d'une telle irrigation, d'une telle submersion, dans un espace si étendu, et traversé d'ailleurs par de trés grands fleuves, il faut encore

calculer ce qu'ajoutent à cette humectation pérenne, les vents d'Est et de Sud-Est qui y dominent. Ceux-ci déjà surchargés de vapeurs, par leur passage sur le Golphe Adriatique, s'en chargent encore davantage en parcourant les régions paludeuses du Ferrarois, du Mantouan, et du Crémonois.

A ces causes générales, terrestres ou atmosphériques, plus ou moins productives des brouillards, se joignent enfin des causes particuliéres, qui les augmentent et en altérent la substance. Cette fumée épaisse, cette vapeur brumeuse, condensée dans les couches basses de l'atmosphére, ne doit pas être seulement reputée aqueuse, ni cause d'intempérie froide et humide. Elle contient souvent dans sa composition, un principe d'insalubrité méphytique, provenant de la fermentation d'un sol gras et *morbieux*, constamment inondé. Cette espéce de méphytisme est encore singuliérement augmentée par une infinité de petits marais domestiques, de cloáques, de fumiers, de mârres, de voïeries, de cimetières etc., toutes choses que l'incurie des paysans laisse subsister autour de leurs habitations, au grand dètriment de leur santé. C'est enfin au concours de ces causes diverses, plus multipliées, et plus actives dans la partie moyenne de la Lombardie, que partout ailleurs, qu'est dû cet état presque habituel de brouillard épais et fétide, qui rend ce beau pays désagréable à habiter, en le privant des bienfaits du soleil, et contraire, sous plusieurs rapports, à la végétation comme à la salubrité. Il n'est presque pas de mois dans l'année où ces brouillards ne se fassent appercevoir; et pour plus de la moitié de l'année, ils ne manquent pas de paroître chaque jour dans quelque partie de la plaine, sur les fleuves ou sur les collines. Sous ce rapport, la ville de *Milan*, qui est en quelque sorte au centre de tout cela, ressemble assez à celle de *Rome*, plongée et submergée comme elle, dans une 'mer de brouillards, à la hauteur de 'ses édifices. A *Rome* ils sont encore plus malsains, dans la saison de l'Automne surtout, par des causes qui ont été déjà assignées.

Mais les causes générales et communes à tous les pays, qui influent le plus sur la production des brouillards, et des autres météores qui en dérivent, sont d'une part, l'irrigation immodérée des plaines basses, et de l'autre, le déboissement excessif des montagnes et des collines. Tels ont été les deux grands dommages qu'ont apportés à bien des pays, et surtout à la Lombardie, les écarts et les efforts de la cupidité moderne: cupidité qui portant sur de faux calculs, ou sur celui qui fait sacrifier le bien général à l'intérêt personnel, a fait multiplier sans mesure de nouvelles cultures, véritablement plus productives pour les terreins que l'on y consacre, mais réellemment nuisibles à d'autres récoltes, outre les altérations qui en résultent pour le climat. C'est une opinion générale que les vents du Sud et du Sud-Est, font beaucoup plus de mal en Lombardie, depuis que l'on a abattu les forêts de la cîme des Apennins. On croit aussi assez généralement que depuis ce siécle, les tempêtes, c'est à dire, les orages à grêle, y sont devenues infiniment plus communes. L'usage étoit autre fois, dit-on, que ceux qui en étoient frappés, alloient se plaindre, et chercher du secours ; mais aujourd'hui qu'elles sont plus fréquentes, ce ne seroit plus qu'une importunité réciproque, et des processions continuelles. Du reste il paroit que ce fléau, bien que pour l'ordinaire circonscrit à des espâces, à des trajets peu étendus, se multiplie, et se renouvelle bien plus dans la partie gauche, et Sous-Alpine de la Lombardie, que dans la partie droite ; et plus aussi dans la moitié inférieure, ou Adriatique, que dans la moitié supérieure.

La région sous-Apennine, qui s'étend depuis la chaîne allongée et transversale des collines du *Monferrat*, jusqu'aux derniéres ramifications longitudinales du *Bolognois*, est à plusieurs égards bien différente des régions antécédentes, par la nature de son climat. On ne peut disconvenir que celui du *Plaisantin*, du *Parmesan*, et du *Modenois*, ne soit un des plus beaux, et des plus favorables à la fertilité, comme à la salubrité.

38

A ce dernier égard, si l'on en juge d'après l'histoire des constitutions épidémiques du célébre *Ramazzini*, on devra croire qu'elles n'étoient point dûes à aucune influence locale, ni à aucune cause d'insalubrité particuliére au sol du *Modenois*; mais plutôt à des intempéries générales, qui régnérent et se propagèrent dans toute la Lombardie, tant Orientale qu'Occidentale: intempéries dont cet auteur a donné une description trés instructive depuis 1690 jusqu'à 1694. Il seroit à desirer que chaque Médecin fit dans son propre pays ce que *Ramazzini* a fait dans le sien. On seroit bien plus avancé dans l'histoire des épidèmies, et des épizooties, et surtout dans la science de leurs liaisons avec les constitutions atmosphériques dominantes. C'est en Italie pourtant que les Médecins, aidés des Météorologistes, ont été les premiers à s'occuper de cette étude, cherchant partout, à l'exemple d'Hyppocrate, à fonder sur des tables météorologiques, et sur des observations médicinales, des traités de *l'air, des localités*, et des *eaux*. En général la pureté, et la légèreté de l'eau, dans un pays quelconque, est un indice en faveur de la salubrité de l'air, et reciproquement: c'en est même souvent une condition, tant est marquée l'influence salutaire, ou nuisible, que ces deux fluides èxercent l'un sur l'autre. Il est bien vrai pourtant que cette loi souffre des exceptions; mais cela tient à des causes locales et particuliéres, comme par exemple, dans les pays dont on traite ici. Les derniers rameaux, et les monticules de l'Apennin, qui se trouvent au midi des États de Parme et de Modéne, sont remplis de mines de Pétrole, et de Pirites, ainsi que de sources saleés. La salubrité de l'atmosphére ne souffre nullement des émanations de ces fossiles; tandis que la bonté des eaux potables en est sensiblement altérée, dans bien des endroits. Il en est de même dans la partie montueuse de l'État de Bologne, où abondent aussi les mines de pirites, de souffre, et de gypse, comme on le verra dans le tableau *de la Topographie minéralogique de l'Italie*..

Le Bolognois et le Ferrarois sont beaucoup moins sains que les pays antécedents. Le Ferrarois surtout est bien plus sujet à l'influence dangereuse des eaux stagnantes, par les fréquents débordemens du Pô. Ce fleuve fait ici, dans les plaines de Ferrare et de Bologne, ce que fait le Tibre par ses épanchemens, et ses atterrissemens, dans la campagne de Rome, principalement du côté d'*Ostie*, et de *Porto*. Ici les exalaisons malsaines sont constamment reportées par les mauvais vents, sur tous les environs de cette capitale. Il y a de plus dans les campagnes du Ferrarois des causes d'infection particuliere, telle que la culture des riziéres bourbeuses, le roüissage du chanvre et du lin etc. Il est vrai qu'il y a aussi partout, dans les basses terres des environs de Rome, des eaux négligées qui croupissent, et aux-quelles sans doute on pourroit donner un écou-lement, s'il n'étoit mieux encore d'en augmen-ter les masses, pour les convertir en lacs, lors-que les localités s'y prêtent. Mais la principale différence, dans les dègrés d'insalubrité des cam-pagnes de Ferrare et de Rome, tient à ce que, dans celle-là, la température est moins chaude, et la ventilation meilleure que dans celle-ci. Bo-logne étant moins internée dans la plaine de la Lombardie inferieure, et plus éloignée des épan-chemens du Pó, que Ferrare, est aussi moins exposée au cours des vents Scirocaux de l'Adria-tique, et plus à l'abri des émanations paludeuses de son littoral. Aussi trouve-t-on une grande dif-ference a l'egard de la santé, entre les Bolognois et les Ferrarois. Le mauvais teint, et l'aspect ca-chectique de ceux-ci, attestent assez la facheuse influence de leur atmosphére, outre les fiévres à paroxismes, qui y sont épidémiques chaque an-née. Quoique Bologne ne soit pas autant sous l'empire des mémes causes fiévreuses, soit Sciro-cales, soit paludeuses, que les régions plus rap-prochées du Pó, ses habitants ne sont pas pour-tant éxempts des mémes maladies. Ils les doivent en grande partie à l'extrême humidité, et aux exhalaisons continuelles qui leurs sont envoyées des Polesines. C'est cette méme constitution d'air,

semi-méphytique, et nébuleuse, qui, par son mélange avec l'atmosphére plus pur et plus vif de
l'Apennin, paroît être la cause de la maladie de
peau, de l'espéce de galle, qui est endémique à Bologne. C'est ainsi à peu-prés, et par la
même raison du mélange de deux atmosphéres
opposées, qu'une autre maladie de peau (la *Pellagra*) est endémique à l'autre extrémitè de la
Lombardie. Cette maladie, dont on verra ci-aprés
l'histoire, et l'origine probable, semble avoir commencé dans le Milanois: elle s'est peu-à-peu pro-
pagée à toute la région sous-Alpine, qui compose la partie principale de l'etat Vénitien, depuis
le Bergamasque jusqu'au Frioul. (V. art. suplém.
N.º 1.º)

A cette maladie prés, dont les ravages s'é-
tendent de plus en plus dans le peuple, cette derniére partie de la Lombardie est sans contredit
la plus salubre, et la plus florissante sous les rapports de la population, et de la fertilité. De Ber-
game à Vérone le terrein est plus haut, plus sec
et plus frais que de Vérone à Venise: mais c'est
surtout dans le trajet de Vicence à cette derniére capitale, que la constitution de l'atmosphére change le plus de nature et de température.
A partir du Promontoire des monts Bériques, la
chaine des Alpes faisant un grand coude vers le
Nord, et s'éloignant davantage par là du centre
de la plaine, elle n'y porte plus dans la même

42

proportion le rafraichissement, et la dépuration de l'air. Les provinces Septentrionales de l'état de Venise, que borde cette chaine, telles que le Bassanois, le Trevisan, et le Frioul, jouissent en partie de ce dernier avantage, qui les rend plus salubres que le bas Vicentin, et le Padouan.

C'est une chose remarquable, que dans les parties les plus montueuses de quelques-unes de ces provinces, ainsi que dans la Carnie, le Bellunois, et le Cadorin, qui sont plus montueuses encore, et plus Septentrionales, le goître ne se rencontre pas, ou pas, à beaucoup prés, autant que dans les provinces du Bergamasque, et du Brescian. C'est principalement dans la *Val-Seriana*, et dans la haute *Val-Camonica* que cette maladie est commune: l'on y trouve même, ainsi que dans le bas-Valais, des exemples du Cretinage, que l'on regarde comme le dernier dégré de l'affection groîtreuse, dégénérée, et transmise de race en race. Plus on réfléchit sur les causes probables, et plus on compare les localités diverses, propres a cette maladie, moins on trouve de preuves en faveur du préjugé qui la fait regarder comme produite par la boisson des eaux de neige fondue. Ici, et dans d'autres parties de la chaine des Alpes, on l'observe là où cette boisson n'est pas usitée; tandis qu'ailleurs, l'usage habituel de l'eau de neige, ne produit pas un goîtreux. Ne sçait-on pas qu'en Ecosse, et dans la

Principauté de Galles, où l'eau de neige est l'unique boisson, il n'y a point de goître; pas plus qu'au Tibet, dont toute l'eau est de la neige encore à demi-glacée? Ne sçait-on pas au contraire que le long du littoral de Sumatra, où l'on ne voit jamais de neige, le goître est extrêmement commun? J'ai cité ailleurs des exemples de goîtres, devenus en quelque sorte épidémiques dans les troupes, et je me suis assuré que la cause étoit manifestement dans les qualités de l'air, à l'exclusion totale du concours des qualités de l'eau. Ce n'est pas que cette derniére, dans quelques circonstances, ne puisse avoir part à la production de cette maladie, ou du moins à la prédisposition qui y mène. Mais sa cause la plus ordinaire, et la plus puissante, consiste dans une intempérie particuliére, ou plutôt dans le mélange de plusieurs intempéries tout-à fait contraires; telles sont celles dont on observe les exemples dans certains sîtes, à la fois montueux et aquatiques, notamment dans des vallées profondes, fortement insolées, foiblement ventilées, et surchargées d'une humidité vaporeuse, stagnante et crûe.

En général on ne peut trop faire attention à ces sortes d'intempéries mixtes, à ces constitutions, à ces transitions d'airs mêlés, (*arie meschisse*); aux mutations extrêmes, et instantanées qu'éprouve cet ambiant, dans ses qualités les plus ma-

44

térielles, et les plus perceptibles a nos sens, comme dans les modes les plus occultes de l'électricisme et du méphytisme. On sçait que toute transition rapide et forte, en ce qui concerne les qualités des climats, des eaux, des alimens, et des habitudes en tout genre, comporte toujours des dangers pour la santé. Mais cela est principalement remarquable à l'égard des différences extrémes dans certaines qualités physiques et aggrègatives de l'atmosphére, sa pesanteur, son élasticité, sa température, sa vivacité etc.; principalement encor lorsqu'on passe d'un lieu bas, humide, et fangeux, à un lieu trés élevé et trés ventilé. Or on sçait aussi qu'il est des situations, des trajets circonscrits, surtout dans les pays de montagnes, avoisinés de grandes masses d'eau, où, sans se mouvoir, sans changer de place, on éprouvé à la fois ces variations extrêmes, et pour ainsi dire, toutes les impressions contraires du chaud et du froid, du sec et de l'humide. Dans ces situations Alpestres, dans ces vallées profondes, selon qu'elles sont arrosées d'un fleuve, ou d'un lac, ou voisines du bassin des mers: selon qu'elles sont surmontées de glaciers, de foréts, ou de rochers; selon que leur ventilation, la plus habituelle, est Australe ou Boréale: enfin selon que les marées aëriennes, toujours subordonnées à la raréfaction et à la condensation de ce fluide, toujours dépendantes, ou motrices des marées électriques sont foibles ou fortes; selon qu'elles sont réguliéres ou irregulieres, durables ou passagéres, on voit la constitution atmosphérique de chacune de ces régions, acquerir des qualités particuliéres trés distinctives; et ces qualités toujours plus dominantes que dans les pays de plaines, se manifestent généralement par quelques maladies plus ordinaires à leurs habitants. Telle constitution est plus propre au goitre, à la gâle, au scorbut, à la *Pellagra*; telle autre aux fiévres d'accés. J'ai vu plus d'une fois dans les garnisons du Rhin, aux époques des intempéries Vernales, ou Autumnales, les fiévres à paroxismes alterner, ou se combiner avec les goitres aigus, et ceux-ci avec une espéce de Nictalopie périodique. J'ai tout lieu de croire que ces trois maladies, étant également épidémiques, et contemporanées, elles dérivoient de la même cause. J'ai tout lieu de penser aussi, qu'à l'ordre plus ou moins régulier, qu'au type plus ou moins périodique des marées atmosphériques, à longs et à courts intervales, tient la récurrence alternative, plus ou moins frequente, de certains maux paroxistiques, parmi lesquels aussi il faut compter les fiévres remittentes et intermittentes, dont les types sont si variés. Ce môde universel de flux et de reflux dans l'atmosphére, plus rémarquable peutétre dans les grandes vallées, telles que la Lombardie, ainsi que dans les vallées secondaires, ou collatérales qui y débouchent, est digne de toute l'attention des Médecins, par le caractére de périodicité qu' il imprime à certaines maladies. Mais ce caractére, sujet à des complications accidentelles, est d'ailleurs susceptible de se modifier selon les années, les saisons et les régions.

Quoique dans toute l'étendue des deux régions longitudinales, sous-Alpine et sous-Apennine de la Lombardie, les expositions, les hauteurs, et la nature du sol soient trés différentes; quoique la majeure partie de ce sol soit gras et fangeux, ou *morbieux*, cependant la culture continuelle, l'irrigation abondante, et la végétation prodigieuse, y entretiennent une salubrité suffisante, en y répandant une grande quantité d'air pur, que le voisinage des montagnes y renouvelle aussi. Autant l'irrigation fournie par des eaux vives et courantes, est favorable à la dépuration de l'air, ainsi qu'à la végétation, notamment dans les terreins élévés de ces régions collatérales, depuis le Bergamasque jusqu'au Vicentin, et depuis le Monferrat jusqu'au Modenois: autant elle y est contraire, lorsqu'elle est excessive, et devient stagnante, comme dans les terres plus basses, plus grasses de toute la région moyenne, et centrale, du Milannois, du Crémonois, du Mantouan etc. De même aussi les années humides et pluvieuses sont autant favorables aux provinces Vénitiennes, limitrophes des Alpes, que les années séches et chaudes le sont aux provinces centrales et aquatiques de l'etat Autrichien. Enfin à mesure qu'on s'avance vers la partie inférieure, et maremmatique, à mesure aussi decrôit la salubrité, au moins pour une partie de l'année; et cela s'observe, dans une proportion plus grande encore, sur la région mèridionale, celle du Ferrarois, et du Ravennois, que sur la région septentrionale du Vicentin, et du Padouan. Une des principales causes de cette différence, sçavoir celle de la plus grande pente, ou tendance des fleuves vers cette partie, celle de l'exhaussement inévitable de leur lit, et de l'èpanchement fréquent de leurs eaux, est aussi la même qui menace de convertir un jour en marais inhabitables et incultivables, des terres autrefois si fertiles et si peuplées.

Leur insalubrité actuelle est a peu-prés au méme dégré, que celle de Mantoue et de ses environs. Peut-être ne seroit-il pas impossible de diminuer les causes de cette dernière. Elle seroit infiniment moindre sans doute, si cette ville, au-lieu d'avoir ses marais et ses fossés du côté des mauvais vents du Sud et du Sud-Est, qui lui envoyent sans cesse des bouffées fétides, elle y avoit au contraire les mêmes lacs d'eaux vives et courantes, qui la bordent au Nord-Ovest, et qui forment à peu-près les deux tiers de son enceinte, sans autre inconvénient que celui de rendre son atmosphère humide et brumeuse. C'est aux Ingénieurs qu'il appartient de sçavoir si l'on pourroit changer cette disposition, soit en étendant et excavant davantage la circonvallation des lacs, soit en atterrissant et asséchant la région des marais. Tout terrein entièrement couvert d'eau, n'est jamais malsain. Il ne le devient que lorsque l'eau qui le couvre s'évapore, et qu'il expose à l'air les vâses de son fond, et de ses rivages. Du sein des terres pourries s'élévent des émanations putrides, qui répandent l'infection dans l'air, et la mortalité parmi les habitants. On détruit d'une maniére aussi sure la putridité d'un marais quelconque, en le changeant en lac, qu'en terre ferme. C'est la situation qui doit déterminer l'un et l'autre procédé. S'il est dans un fond sans pente, et sans écoulement, il faut suivre l'indication de la nature, et le couvrir d'eaux. Si elles ne suffisent pas pour l'inonder entiérement, il faut le couper de fosses profondes, et en jetter les déblais sur les terres voisines, ou bien augmenter et élever celles-ci par des terres étrangeres, par des terres d'alluvion ou de transport. On aura à la fois, par ces moyens, des canaux toujours pleins d'eau, et des Isles asséchées, qui seront fertiles et saines. En général les canaux d'assainissement ne conviennent que dans les marais, et ne conviennent pas á tous. Leurs avantages sont souvent problèmatiques, ou de peu de durée, soit parcequ'ils restent imparfaits, soit parcequ'on néglige de les entretenir. Souvent aussi ils finissent par devenir préjudiciables au bien public, en ce que n'étant formés que dans des vûes de navigation et de commerce, ils deviennent nuisibles à l'agriculture et à la salubritè.

Ces reflexions génèrales sont également applicables à bien des parties de la Lombardie; et surtout de la Lombardie maritime, au Dogado, et au littoral Vénitien etc. Il est aussi d'autres considérations relatives aux grands travaux, qui dejá entrepris, ou simplement projettés, ont pour objet de favoriser le dégorgement des principaux fleuves dans la mer; d'en prèvenir les atterrissements, et les épanchements ultèrieurs sur le continent voisin; enfin d'èloigner, autant que possible, les époques de plus grands désastres dans cette partie des Lagunes de l'Adriatique. Mais toutes ces choses n'entrent point essentiellement dans le plan de cet ouvrage, et l'on y reviendra dans les art. suplem. n.o 7. Aprés avoir tracé dans ce chapitre le tableau génèral, hydrologique et météorologique de la Lombardie, sous les rapports différentiels de son climat, et de sa salubrité, il me reste à ajouter, dans les mêmes vûes, quelques observations sur les côtes de l'Adriatique, tant sur celles de l'Istrie et de la Dalmatie, que sur celles de la Romagne et de la grande Grèce. Par là on complétera la comparaison que l'on peut en faire avec le littoral de la Méditerranée, dont il a été question dans les chapitres précédents ; et l'on aura une idée plus juste de leurs climats respectifs ; climats qui, depuis la domination des Romains, sur ces parrages de l'Istrie et de la Dalmatie, ont éprouvé de grands changemens.

CHAPITRE CINQUIÈME.

Continuation du parallele des régions Nord et Sud de l'Italie: climat des régions intermédiaires: prédominance des intempéries dans les unes et du méphitisme dans les autres: funestes effets de leur réunion dans quelques unes.

Dans toute la partie intermédiaire, formée par la chaîne longue et tortueuse de l'Apennin, qui sépare l'Italie Septentrionale de la Mèridionale, et qui forme les deux pentes amphithéatrales de cette grande Peninsule, l'air est gènéralement sain en toute saison. Le froid y est assez sensible en hyver, et l'hyver en bien des endroits, est presqu'aussi long qu'en France, c'est à dire, de cinq à six mois. La neige même sur le sommet de ces chaines se maintient assez long temps. La force Hidro-attractive èxercée par les crêtes et les pitons qui les surmontent; l'action condensatrice des vapeurs augmentée par les forêts qui les recouvrent, entretiennent presque partout la fraicheur et la fécondité. Sous ces divers rapports, ainsi que par l'aspect de leurs bouleversements, et de leurs débris volcaniques, les montagnes de l'Italie offrent des perspectives frappantes: et à cet air d'animation, de mouvement et de végétation, qu'elles présentent, contribuent sans doute beaucoup le voisinage des mers, la force d'insolation, et le conflit de tous les vents. Mais à partir de cette chaîne centrale, qui, dans la majeure partie de son trajet, est plus rapprochée de l'Adriatique que de la Méditerranée, plus on s'avance vers les bassins de ces deux mers, plus l'évaporation s'accroît, plus la force exhalatrice et fermentative se concentre; et cette double action est à son plus haut dégré dans l'atmosphére de chaque littoral. Plus aussi la masse de cette évaporation et de ces exhalaisons est grande pendant le jour, surtout dans les saisons chaudes, plus sa condensation est rédoutable pendant la nuit. Cet état alternatif de l'atmosphére, ce flux et reflux perpétuel de vapeurs, principale cause d'insalubrité, et d'intempérie, est d'autant plus remarquable dans les régions littorales de la Méditerranée, que les vents du Sud et de l'Ouest y ont régné plus long temps.

Il est aussi d'autres causes qui rendent ces côtes plus malsaines que celles de l'Adriatique; et ces causes ont été décrites ailleurs. Les hauts fonds si communs dans les mers de Toscane et de Rome; le comblement de la plûpart de leurs ports et de leurs bayes; les attérissements marécageux de leurs plages; le défaut habituel de la ventilation boreale de leur atmosphére, et la prédominance constante de la constitution australe; enfin tout *ici*, bien plus que du côté de l'Adriatique, concourt à rendre ce littoral maremmatique de Rome, et de Toscane, le repaire naturel des fièvres remittentes, intermittentes, putrides ou pernicieuses, comme on l'a vu dans ce qui précéde. Mais les pays intermédiaires de ces deux États, situés entre la région maritime, et celle des hautes montagnes de l'Apennin, étant eux-mêmes tous plus ou moins montueux, par les ramifications sécondaires de cette chaîne; étant arrosés, rafraichis, et fécondés par les nombreux cours d'eaux, qui en découlent, ne participent pas, ou presque pas à cette influence malsaine. La haute Toscane surtout jouit de ces avantages de fécondité et de salubrité qui en font un des plus beaux pays de l'Italie Méridionale, ainsi que l'État de Lucques qui l'avoisine.

La Ville de *Florence*, et ses délicieuses campagnes, placées sur les confins de ces deux régions, et pour ainsi dire, des deux atmosféres, participent pourtant beaucoup plus de celle des montagnes, tant à raison des grouppes de collines excentriques, dont elles sont environnées de toute part, qu'à cause du fleuve dont elles sont traversées, et rafraichies. Mais cette situation, qui les préserve des atteintes du mauvais air, les rend sujettes à des intempéries maladives, dépendantes d'une ventilation trés variable, souvent opposée, rapide et brumeuse; intempéries dont l'influence est plus dangereuse en Eté qu'en hyver, et qui font préférer dans cette premiére saison le sejour de *Sienne* à celui de *Florence*. A *Pise* au contraire, dont la situation est presque totalement sous l'empire des vents du Sud-Ouest, et dans l'atmosfére de la région maritime, la température est meilleure en Hyver qu'en Eté. Dans cette derniére saison, la plaine qui s'étend de *Pise* á *Livourne*, est trés malsaine à habiter, tant à cause des eaux croupissantes et coeneuses qui s'y trouvent çà et là, qu'a cause du défaut de culture, que la sécheresse extrême qui y régne en mème temps, rend misérable et presqu' impossible.

Ces deux mêmes causes opposées de l'inculture des terres, sçavoir l'état de sécheresse, et celui de marécage, lorsqu'elles se réunissent et se combinent dans les mêmes lieux, soit à raison de leur configuration inégale, et à contrepente, soit à cause de la composition intérieure de leur sol, produisent toujours un mauvais effet sur l'atmosphére ambiant. La végétation étant un des correctifs des exhalaisons paludeuses, celles-ci exercent toute leur activité sur les terres arides et incultes qu'elles inondent. Tel est le double inconvénient que l'on remarque sur une grande partie des terres aux environs de Rome. L'aridité des unes, l'humidité fangeuse des autres, l'inculture de presque toutes, perpetuent dans l'atmosphére, la disproportion du vrai principe régénèrateur de la salubrité. Ajoutez que dans cet atmosphére presque toujours nébuleux, prédominent quelquefois des vents froids, secs et piquants, qui proviennent des montagnes de l'Ombrie, et qui quelquefois aussi sont entremelés de brises de mer. Ces vents sont à la verité de courte durée; et lorsqu'ils sont remplacés rapidement par les vents du Sud, ou de l'Ovest, ils produisent des affections catharrales et inflammatoires d'un caractére mixte et dangereux. Mais la véritable et dominante influence de la campagne de Rome, est celle qui résulte de la combinaison du Sciroque, et des marais, que le défaut de culture, et d'irrigation rend encore plus insalubre: et l'on sçait que le dégré extrême de cette influence meurtriére est aux Marais Pontins.

Le Royaume de Naples, bien que généralement assez sain, par rapport aux régions antécédentes, renferme pourtant beaucoup de lieux insalubres, sur son littoral; et ce littoral, comme on sçait, est immense relativement à l'étendue de ce Royaume. La belle terre de Labour (*Campagna felice*) n'est pas exempte de mauvais air, surtout dans les parties qui avoisinent la mer; et ce mauvais air s'etend aussi dans les marais et les foréts qui avoisinent *Caserte*. Mais c'est principalement aux environs de *Cumes*, de *Pouzzoles*, au Cap de *Misène*, sur les bords du Lac d'*A-*

nano, et dans les Champs *Élisiens*, que domine la constitution méfitique. Il est des Auteurs qui en ont attribué l'origine aux exhalaisons, aux mophétes délétéres, qui dans tous ces lieux s'élévent de la terre, ainsi que des Souffriéres, ou *Solfatares*, qui y sont trés communes, comme résidus de la volcanisation demi-éteinte, qu'a éprouvée cette partie du Golfe de Naples. Mais c'est une double erreur, de dire que ces mofétes minérales, hépatiques, ou sulfureuses, ne durent que six mois de chaque année, et de croire qu'elles ont quelque chose de commun avec les mofétes putrides et fievreuses, produites par les eaux stagnantes : mofétes dont l'influence maladive ne se manifeste qu'à la fin de l'Èté et dans le cours de l'Automne. D'ailleurs ces exhalaisons méphitiques, paludenses et marines, ainsi que les fiévres périodiques qui en sont la suite, s'observent sur d'autres parties du Littoral, aux environs de *Pestum*, et sur quelques trajets des côtes de la Calabre et de la Sicile, sans qu'il y ait de foyer méphitique d'origine minérale ; tandis qu'ailleurs ces derniers se trouvent en grande force, sans qu'il y régne des fiévres épidémiques, comme par exemple, aux extrêmités de la Terre d'Otrante, et sur quelques autres points du Littoral de l'Adriatique.

En général les bas fonds, qui se trouvent presque partout aux rivages de cette mer, et son resséxement entre les hautes chaines qui la bordent de part et d'autre, rendent l'habitation sur ce littoral beaucoup moins malsaine, que sur celui de la mer intérieure. Mais il y a encore des différences à cet égard, entre l'habitation des Golfes, ou des Anses, et celle des Caps ou des Promontoires. Ces derniers sont toujours plus ventilés, moins brumeux, et plus salubres. Cela dépend aussi de l'exposition à tel air de vent, et aux aspects du Soleil. On sçait qu'*Hippocrate* regardoit avec raison, l'exposition de l'Est comme la plus salutaire, en ce que les premiers rayons du Soleil levant chassent et dissipent de bonne heure les vapeurs malfaisantes, dont l'atmosphére inférieur s'est chargé pendant la nuit. Cela est surtout applicable à une grand partie des côtes de l'Adriatique, dont l'horizon maritime lui permet de recevoir la premiére influence de ces rayons naissants, dans toute leur pureté, et dans toute leur force. D'ailleurs ce grand Golfe maritime, resserré dans un lit étroit et profond, bordé et rempli d'écueils, accessible aux plus forts courans d'air, doit être regardé comme la suite d'une longue et large vallée, qui traversant une partie du bassin de la Méditerranée, par la mer Jonienne, étend sa communication, sans obstacle pour le cours des vents, jusqu'à la mer Rouge par l'Isthme de *Suez*, et par conséquent jusqu'à la Ligne, d'où naissent et s'élévent les plus grands vents connus. C'est à cette disposition peut-être, outre le concours des causes locales, qu'il faut attribuer d'une part, le cours plus prononcé des marées aëriennes, de l'Adriatique, et de la Lombardie; et d'autre part, le phoenoméne trés remarquable des tempêtes maritimes, et atmosphériques, qui s'observent plus particulierement sur cette mer: phoenomène sur lequel on peut lire le memoire du Co. *Filiasi*. C'est peut-être aussi de ces mêmes circonstances qu'il faut faire dériver la dépuration de l'atmosphére sur les côtes basses, ou sur les plages marécageuses, qui bordent cette mer, principalement à l'Ovest. Mais en même temps c'est à cela que tiennent sans doute la fréquence et l'intensité des météores, les vicissitudes d'intempérie qui se succedent sur le pourtour de ces côtes, et particulierement sur celles de la grande Gréce, sur celle de la *Basilicate*, de la *Pouille* etc.

A l'égard de ces dernieres, M.ʳ le Chanoine *Giovene* de Molféta, a fait des observations trés intéressantes, et qui méritent d'être lües. Il remarque avec raison que dans l'étude de la Météorologie, il faut non seulement avoir attention à ce qui se passe dans l'atmosphére; mais encore aux corrélations que peuvent et doivent avoir les événements atmosphériques, avec les causes terrestres ou souterraines, des régions auxquelles ils correspondent. De là il conclut que pour avoir une bonne histoire météorologique d'un pays quelconque, il faudroit en avoir des bonnes cartes hydro-graphiques, et Minéro-graphiques. Ses observations personnelles l'ont convaincu que les directions non seulement des petits nuages, et d'autres météores passagers, ou accidentels, mais même celles de grands orâges et des tempétes, changent et se modifient dans leur passage de la Mer à la Terre, et de celle-ci à celle-là, selon le passage, et les directions des grands corps de mines, et de leurs ramifications ; comme aussi selon leur prolongement d'un Continent à l'autre, à-travers les bassins des Mers et les chaînes de montagnes. A cette Topographie Mineralogique, souterraine et sous-marine, correspondent encore, comme je l'ai déjà dit ailleurs, d'autres phoenomênes météorologiques; par exemple celui trés remarquable des apparitions lumineuses et ignescentes, connues en Italie sous le nom de *Fate morgane, o mutate;* phoenomêne que j'ai observé bien des fois en Calabre, en Sicile, ainsi que sur le littoral du Golfe de Naples, et toujours dans le voisinage des grands dépôts des mines, ou sur les régions à demi-volcanisées. Ce phoenomêne aërien, qui est surtout observable au lever du Soleil, comme les aurores boréales à son coucher, annonce infailliblement, selon M. *Giovene,* le trés prochain changement de temps, du beau au mauvais ; comme assez souvent les aurores annoncent, dans certains pays, celui du mauvais au beau. À ces changements dans l'atmosphère, trés sensibles surtout à l'égard de l'électricité, correspondent aussi ceux qui ont coutume d'affecter les gens attaqués de maux chroniques, et sujets aux convulsions.

Mais parmi les recherches les plus importantes de M. *Giovene*, on distingue celles relatives aux causes de l'insalubrité particuliere et variable, qui se fait remarquer, en certaines années, dans plusieurs parties de la *Pouille*. Ce pays bien que génèralement trés sec, et tout-à fait différent, quant à la nature de son sol, des régions basses et marécageuses, est néanmoins, de temps en en temps, sujet aux maladies aigues et fébriles de ces derniéres. En effet, quoique les causes de méphytisme, et les cisconstances qui le favorisent, soient moindres et plus rares sur les côtes de la mer extèrieure que sur celles de l'intérieure, celles-là cependant n'en sont pas tout-à-fait exemptes, et l'on observe qu'à distance égale de la mer, ce mèphytisme est beauconp plus remarquable dans les collines à tuf calcaire, que dans celles à pierres dures, marbreuses, siliceuses, ou volcaniques. Je remarque aussi que nonobstant la sanification partielle qui résulte des mouvements de la mer, et de la ventilation qu'elle porte dans les lieux proprement maritimes, princi

palement sur les côtes à bas fonds ; que nonobstant l'infection locale, qui resulte des circonstances contraires sur les côtes voisines des hauts
fonds, et sur les plâges aquatiques peu ou point
ventilées, il existe toujours à ces deux égards des
différences réelles, à raison de la nature des terreins et de leur exposition . Mais il est une autre
différence plus essentielle encore, qui peut servir à expliquer la salubrité respective des côtes
de l'une et de l'autre mer.

Il est certain que celles qui sont exposées à
l'influence directe du veritable Sciroque, c'est
à dire, du Sud-Est, ainsi qu'à celle du Sud-
Ouest, sont plus infectées de méphytisme, que
celles qui jouissent d'une exposition contraire :
tandis que celles-ci sont plus sujetes à l'influence
malsaine des intempéries. Mais il n'est pas moins
vrai que si le Sciroque, en sa qualité de vent chaud
et brulant, est un plus puissant promoteur, ou
générateur du méphitisme dans le premier cas,
c'est à dire, dans les lieux où son influence est
directe, il est au contraire un météore plus humide., plus accablant, et plus intempéré, dans
le second cas, sçavoir dans les régions où il n'arrive que par réflection, où il n'agit que par con-
tre-coup (*di ribalzo*). Dans ces cas encore il
dépose les exhalaisons mèphitiques, dont il s'est
chargé, dans les foyers qui sont propres à leur
régénèration : il y depose en même temps, avec

elles et par elles, les germes des maladies qui ne devroient être propres qu'aux régions maremmatiques ou paludeuses. C'est ainsi qu'il faut entendre les transplantations, par fois observables, de certaines maladies, d'origine méphitique ou miasmatique, à des régions éloignées et même opposées: et l'on a des exemples de cela entre les côtes des deux mers, voisines de la Mediterranée et de l'Adriatique, ainsi qu'entre les Isles nombreuses que renferment ceš mers. C'est à cela enfin, c'est à dire, au concours des influences scirocales secondaires, et des intempéries opposées, sur les côtes de la Pouille et de la Basilicate, qu'il faut attribuer les maladies stagionaires et intercurrentes dont parle M. *Giovene*, et qu'on observe aussi dans d'autres lieux de la même côte.

Cet Auteur a publié encore un autre mémoire, contenant des observations précieuses sur les marées atmosphériques de ce littoral Adriatique. Il a trouvè la plus parfaite concordance entre les marées d'air, et celles d'électricité; de maniére qu'aux raréfactions et condensations alternatives du premier de ćes fluides, sont constamment correlatifs les accroissements et les decroissements de de l'autre, mais dans un ordre inverse; c'est à dire, qu'au flux de la marée aërienne, correspond le reflux de la marée électrique, et au flux de celle-ci le reflux de celle-là. Il a trouvé de plus qu'aux variations réguliéres et corrélatives des Baromètres, et des Electromètres, correspondent d'autres phoenomènes également réguliers de l'ordre météorologique : comme aussi l'on voit qu'à l'apparition de certains météores dans l'atmosphére, et principalement ceux de l'ordre électrique, se joignent pour l'ordinaire des affections organiques, telles que, par exemple, celles qui font présager à beaucoup d'hommes et d'animaux, les moindres mutations dans l'air ; telles aussi que l'éxacerbation trés remarquable des maux chroniques, et les rechûtes plus fréquentes des fiévres aigues paroxistiques. Il seroit important de sçavoir, par une suite d'observations analogues à celles de M. *Giovene*, si les constitutions fréquentes ou durables de l'atmosphére, qui font monter les Baromêtres, et descendre le Électromêtres, sont plus salubres que les constitutions contraires ; et de sçavoir aussi comment les unes ou les autres peuvent coucourir, si non à la production d'une sorte de méphitisme atmosphérique, du moins à favoriser le développement et la propagation du méphytisme terrestre ou aquatique. Mais de toutes les constitutions, la pire à l'un et l'autre égard, paroit tre écelle qui fait baisser à la fois les Baromêtres, et les Electromêtres : et celle-ci, plus particuliérement propre aux régions, et aux ventilations du Sud, renforcée encore dans les plâges maremmatiques et paludeuses, semble être diamétralement opposées, quant à ses effets sur la santé, à celle où, sous l'empire des régions, et des ventilations boréales, ou du Nord-Est, on voit monter à la fois les Baromètres, et les Électromètres. Mais dans ces deux constitutions d'air opposées, on voit souvent paroître le même météore, le Baromètre etant au plus haut dans l'un, et au plus bas dans l'autre: c'est cet état trouble, ou semi-opaque, et sec de l'atmosphère, dont les instruments météorologiques ne font connoître ni les éléments, ni l'aggrégation propre. On l'observe surtout dans les parties Meridionales et Orientales de l'Italie, lors de cette chaleur extrème, dite *Scirocale*, accablante et suffoquante, avec un calme absolu de l'atmosphére (*aria soffegante*). On l'observe également dans certaines intempèries froides, séches et semi-brûmeuses de la partie Occidentale et Septentrionale de l'Italie, surtout dans la haute Lombardie, le Milanois, et le Piémont. C'est un air pénétrant, sans être vif, et nébuleux, sans être humide. Dans ces deux états opposés de l'atmosphére, il existe ou un principe élémentaire, ou un môde d'aggregation, desquels il paroit résulter, que la sécheresse n'est pas toujours dûe à la privation d'humidité; pas plus que le froid n'est dû à l'absence du calorique. C'est un état à peu-prés semblable qui a fait croire à M. l'Abbé *Chiminello*, Professeur à Padoue, d'après un grand nombre d'observations . *Che esista nell' aria un elemento tutt' ora sconosciuto, il quale secondo ch' è in maggiore o minore copia, altera l' umidità, o la siccità, e non le lascia essere in proporzione dell' abbondanza, o scarzezza de' vapori acquosi* . . . . On reviendra ailleurs sur ce point important de la physique de l'atmosphére, comme sur celui des marées atmospheriques. Voyez pour celui-là, le mémoire sur l'*Epizootie*, et pour celui-ci, le supplement au mémoire de l'Abbé *Giovene*, sur la Météorologie Adriatique des côtes Méridionales.

Pour ce qui concerne le littoral opposé, celui de la Dalmatie et de l'Istrie Vénitienne, le Docteur *Bondioli*, qui a exercé la Medecine particuliérement dans cette derniére province, m'a communiqué des observations Topographiques, et Météorologiques, qui, quoique générales, en font suffisamment connoître le climat. Cette Péninsule de l'Istrie, baignée d'un côté par les eaux du Golfe Adriatique, et de l'autre par celles du Quarner, bien que ressemblant, à raison de cette circonstance, et par celle d'une exposition analogue, à la grande Péninsule de l'Italie Orientale, offre cependant des différences notables à l'égard de sa température habituelle, et de ses météores dominants. Située par son extrêmité mèridionale au delà du 45.me dégré de latitude, elle s'étend sur les pentes des monts de la *Vena*, qui sont autant de rameaux de la chaîne des Alpes; chaîne qui, comme on sçait, va toujours s'abaissant, et se brisant davantage, à mesure qu'elle s'avance vers l'Est et le Nord-Est. L'étendue de l'Istrie est beaucoup plus considérable dans sa longueur du Nord au Sud, que dans sa largeur de l'Est à l'Ouest. Outre une infinité de pentes et de contre-pentes, dans toutes les directions, que présente sa surface, elle en a deux principales, dont celle de l'Est à l'Ouest est plus forte que celle du Nord au Sud, du moins si l'on en juge par le cours des eaux, dont la plus grande partie se verse dans le Golfe Adriatique, et la plus petite dans celui du Quarner. Sur cette dernière mer, elle se termine en une pointe très allongée, dont la direction est à peu-prés vers le Sud-Est (*da Maestro a Sciloco*). Enfin toute cette presqu'isle, de structure très inégale, et irrégulière, aboutit, par ses extrémités orientales, et occidentales, a une plâge plus irreguliére, et plus inégale encore, où elle forme pourtant des ports vastes et importants.

A partir de la principale ramification des Alpes, qui la borne au Nord, on ne trouve dans tout le reste de sa surface, que des montagnes basses de l'ordre des sécondaires, et des collines d'une formation postérieure encore. Les unes et les autres s'abaissant de plus en plus, de la Tramontane au Midi, forment une quantité prodigieuse de petites vallées, et de plaines. Toutes sont, du moins à l'extérieur, de nature calcaire, et argilleuse. Les premiéres présentent dans leur structure d'immenses couches de l'une et l'autre composition; et l'on trouve dans leur circuit de fréquens bouleversemens, comme dans leurs corps de profondes cavernes. Au bas de cette région de montagnes stratifiées, et partie éboulées, il existe, selon mes recherches particuliéres, une forte mine piriteuse, qui occupe et traverse obliquement toute la région suivante ou inférieure. Sa direction est du Nord-Ouest, au Sud-Est, et sa largeur d'environ sept milles. Elle est connue, et exploitée dans quelques points; mais avec peu de succés. Il se trouve aussi à peu de distance de là, plus vers le Nord, une autre bande de mine charbonneuse, qui, si elle étoit connue, et mise en valeur, pourroit servir utilement à l'exploitation de la précédente, en nature de vitriol et d'alun. Il en sera question dans mon tableau minéralogique de l'Italie.

Beaucoup de foréts, petites ou grandes, recouvrent la surface de cette province; mais elle a bien peu, et de trés petites riviéres. La plus grande partie de ses eaux est apportée par des torrens extemporanés, ou par des cavernes qui ne donnent que ce qu'elles ont de trop: de maniére que l'Istrie, par rapport à son étendue, est infiniment peu arrosée, et qu'elle l'est plus par dessous ter-

68

re qu'à la surface. La nature de son sol principalement crétacé et en couches dures; sa conformation en monticules concentriquement placés:
les ruptures nombreuses de ces couches; leur inclinaison aux aspects des vents les plus déssé-
chants; son défaut total d'irrigation artificielle (qui
pourtant n'y seroit pas impossible, en recherchant
les cours d'eaux souterrains): tout cela, dis-je,
concourt à augmenter l'aridité naturelle de son
territoire. Mais d'un autre coté, son exposition
aux vapeurs des deux mers, qui l'entourent presque de partout, et la condensation immédiate de
ces continuelles exhalaisons maritimes, au moindre réfroidissement, surtout pendant les nuits,
la rendent fréquemment sujette à une extrême
humectation atmosphérique. Tout ici se passe,
pour ainsi dire, en extrêmes, le froid, le chaud,
le sec et l'humide: et ceci peut être cité comme
un nouvel exemple, non seulement de la succession rapide, mais encore de la coëxistence, et de
la combinaison de ces qualités opposées. Sous le
règne d'une telle intempérie, mixte, bien plus
que sous celui des intempéries incessamment variables, on voit la végétation périr au milieu même d'une abondante irrigation atmosphérique, et
d'une insolation forte, qui devroient la maintenir. C'est alors une sorte d'Éthisie, ou de con-
somption, plutôt qu'un véritable desséchement,
qu'éprouvent les végétaux, avant de parvenir à

leur état de maturité. C'est aussi à ces mêmes qualités contraires, excessives et peu durables de l'atmosphére, c'est surtout à une ventilation inconstante et bourasqueuse, qu'il faut attribuer sur cette côte la rareté des véritables orâges, et la fréquence des tempêtes orâgeuses. Celles-ci sont en quelque sorte des orages secs et muets, avortés ou dissipés. Bien qu'excités et préparés par les mêmes éléments, par les mêmes conditions, qui constituent les météores explosifs, et inflammables de l'air, la foudre, les éclairs, les congélations etc., ces résultats y sont néanmoins assez rares, par la raison, ce me semble, qu'une ventilation souvent forte, et constamment variable, dissipe, pour ainsi dire, en fumée, les amoncélemens des nuages orageux. C'est aussi, je crois, par la même raison, que les tremblements de terre y sont rares et trés foibles.

Ainsi donc les traits les plus remarquables du climat de l'Istrie, presque tout-à-fait opposés à ceux de la Lombardie, par exemple, sont une aridité extrême, dans un sol monticuleux, entiérement calcaire et argilleux; un défaut total d'irrigation, et une grande force d'insolation, sur un terrein capable de rèpercuter celle-ci, en même temps qu'il absorbe, et perd l'humectation qui lui vient de l'atmosphére sous toutes les formes; enfin une grande et rapide variété de ventilation desséchante et bourasqueuse, mais surtout une exposition pleine et directe au vrai Sciroque. Telles sont les qualités dominantes de ce climat, à la fois montueux, et maritime: climat aussi contraire à la végétation, que peu favorable à la salubrité, bien qu'il y ait peut-être ce qu'il faut pour le rendre bon à ces deux égards, si ces qualités étoient mieux combinées, mieux et plus également reparties, tant pour les lieux que pour les temps; si surtout la chaleur et l'humidité y etoient plus proportionnées entre le jour et la nuit; car je le répéte encore, on y passe sans cesse d'une extrêmité à l'autre.

C'est à peu-prés la même chose pour le climat de la Dalmatie; si ce n'est que celui-ci est encore plus sujet aux bourasques, et aux tempêtes de terre et de mer. Il semble que cette mer, ses Isles, son littoral, soient le véritable empire de tous les vents, et des vents les plus impétueux. C'est là que l'on peut voir dans tout leur désordre, et avec tous leurs efforts, les éléments de l'eau et de l'air: et les tempêtes de l'un et de l'autre milieu y sont souvent trés obstinées. A cela concourent des causes locales, qui tiennent à la position, et à la configuration du pays. Mais il en est aussi de génèrales dont il ne faut pas méconnoître l'influence. Ici je considére pour quelque chose, la circonstance d'être situé sur le courant atmosphérique des grandes effusions équatoriales, resserré entre de hautes chaînes, et dans un Golfe profond. Je considére aussi une autre cause plus cachée, mais également capable de produire, dans quelques circonstances, des désordres maritimes et atmosphériques, des mouvements impétueux, dans l'une et l'autre région, par la correspondance qui existe entre-elles; correspondance maintenue au moyen de l'électricité; au moyen des fluides aëriformes ou expansibles, dont celle-ci opére le dégagement et la reproduction sous terre, comme dans le sein des eaux.

Cette autre cause, selon les résultats de ma Topographie minéralogique, est le passage, à travers l'Adriatique, de deux grandes mines mixtes, charboneuses et piriteuses, qui partant des côtes d'Afrique, et traversant la Sicile et la Calabre, vont aboutir sur les prolongemens de la chaîne des Alpes. Ces deux corps de mines, les plus grandes et les plus larges que j'aye connues jusqu'à présent, sont celles qui, chacune séparément, et sans se communiquer, entretiennent les volcans de l'*Etna*, et des Isles de *Lipari*; Volcans tout à fait indépendans aussi de celui du Vesuve. Ce sont ces mines encore qui renouvellent sur ces lignes, et dans ces mêmes régions, de si forts, de si fréquents tremblements de terre, et de mer; et qui enfin, par le même mécanisme que celui des tremblements de terre et des volcans, produisent et propagent des effets analogues sur toute leur direction. Celle-ci est du Sud-Ouest au Nord-Est, jusque sur les côtes de la grande Gréce, et elle reste à peu-prés telle dans leur traversée sous le Golfe Adriatique, à peu de distance, et au-dessous des côtes de la Dalmatie, allant vers le Levant. Sans doute ces grands effets de Météorologie souterraine, et sous-marine, sont plus aisés à indiquer qu'à calculer; mais ils n'en sont pas moins incontestables aux yeux de qui sçait les apprécier. J'ai lieu de croire qu'ils doivent entrer, pour quelque chose, dans l'évaluation des causes capables d'influer sur la constitution atmosphérique des régions maritimes, et montueuses, dont nous parlons ici, et par conséquent de modifier leur climat, particuliérement sous le rapport de ses intempéries.

Enfin il est une troisième cause générale, déjá indiquée cy-dessus, et dont l'action est plus applicable encore à tout ce littoral: c'est son exposition à l'aspect du véritable Sciroque, qui, lorsqu'il est porté à toute sa force d'insolation directe et réverbérée, sur des monts calcaires, compacts, dépouillés et blancs, comme de la neige, produit dans l'atmosphére environnant une raréfaction extrême et rapide: rarefaction de laquelle resultent des vents passagers, impétueux, et des tempétes semi-orageuses: raréfaction qui est portée quelquefois au point de donner à ce vent Scirocal le caractére brulant, et suffoquant de ceux qu'on appelle *Solani*; de ces vents que l'Afrique, si féconde en régions de sables arides, envoye dans quelques parties de l'Europe. Enfin la force de cette raréfaction est d'autant plus grande, et ses effets destructeurs sont d'autant plus sensibles sur ce littoral Adriatique, qu'elle est plus secondée par les effusions, accidentelles ou périodiques, de la Ligne, ainsi que par le cours, regulier ou irrégulier, des marées de l'atmosphére.

Mais quelque soit l'influence respective de ces diverses causes, il est certain que l'exposition, la structure, et la configuration des provinces de l'Istrie, et de la Dalmatie, les rendent sujettes à de continuelles vicissitudes de ventilation, de sécheresse et d'humidité, toujours et partout excessives. Il semble que le caractére inaliénable de ces pays, soit la prédominance alternative, et souvent l'action simultanée, de ces qualités opposées, qui quelquefois y régnent sans relâche pendant des semestres entiers. Bien que le vent naturel y soit le Sud-Est, on y éprouve souvent, et soudainement des coups de vent grec, froid et sec : ce qui fait que dans beaucoup de lieux non abrités, la température du chaud et du froid est prodigieusement inconstante. Ajoutez encore que dans ceux voisins des bois et des vallons, souvent innondés de grandes nappes d'eau, qui s'y précipitent des montagnes, en gros torrens momentanés, cette eau manquant de pente dans ses bassins concentriques, et y séjournant longtemps, produit, par son évaporation lente, du froid et de l'humidité, qui s'étendent au loin dans les couches inférieures de l'atmosphére. Ces mêmes effets s'observent autour des forêts, dans lesquelles, l'évaporation et la ventilation étant génées, on voit naitre en partie les inconvénients des marais. Aussi lorsqu'on observe de quelqu'éminence la Peninsule de l'Istrie, on la voit souvent recouverte d'un brouillard bas et épais, même dans les jours sereins ; et l'on pourroit dire que sous ce rapport, ainsi que sous beaucoup d'autres, ce pays réunit presque tous les inconvénients des pays de plaines basses, et des monts élevés, sans en avoir les avantages.

C'est sans doute en grande partie à cette réunion de causes, et de circonstances, peu favorables à la fertilité, à la salubrité, qu'il faut attribuer son peu de culture et de population. Cette derniére, dans toute la presqu'isle de l'Istrie, ne passe pas 80 mille habitants ; et encore est-elle repartie trés inégalement, puisqu'il y a beaucoup de villes presque désertes, et de grandes étendues de territoire sans culture. Mais d'un autre côté, il faut convenir qu'au défaut des ressources commerciales, industrieuses et sociales, se joignant encore des vices dans la forme du Gouvernement, rien ne peut y attirer une grande population, ni y propager l'agriculture : rien ne peut y compenser l'ingratitude du Sol et la médiocre salubrité de l'atmosphére.

A ce dernier égard j'ajouterai encore quelques mots. Il est bien certain que ces côtes de l'Adriatique, pleinement exposées aux vents du Sud-Est, comme celles de la Méditerranée, dans les Etats de Toscane, de Rome et de Naples, sont beaucoup moins malsaines que ces derniéres, sous les rapports du méphitisme de l'atmosphére. Sur celle-là il n'existe pas, comme sur celle-ci, des maremmes paludeuses dans les plâges, ni la même circonvallation par des chaînes montueuses telles que celles de l'Apennin, qui, trop voisines de ces plâges, en empêchent la ventilation salutaire, de la part des vents du Nord, et du Nord-Est. Ces deux vents, bien qu'un peu amortis par les hautes chaînes éloignées des Alpes, abordent cependant avec assez de force sur cette Peninsule, pour y multiplier les intempéries contraires: intempéries qui y sont en effet, par leur succession, et par leur réunion, bien plus fâcheuses que sur le rivage opposé de l'Adriatique, du côte de la grande Gréce. Il existe cependant sur les côtes et dans l'intérieur de l'Istrie, des foyers particuliers d'infection méphitique, entretenus ici, pendant l'Eté, par le croupissement des eaux pluviales, et la forte insolation, qui achéve leur corruption dans des reservoirs calcaires; et là, par les vapeurs paludeuses et muriatiques,

76

qu'exhalent les marais salans, surtout par leur réunion avec les eaux douces, dans quelques endroits. Mais nonobstant ces causes d'insalubritè particuliére, il est certain que les maladies fèbriles prédominantes en Istrie, participent bien plus, ainsi que celles du Littoral opposé, de l'influence des intempéries, que de celle du méphitisme. Il y a cette différence cependant, que dans la partie du Nord-Est, prèdominent les fiévres inflammatoires, tendantes aux complications putrides, et dans la partie du Sud-Ouest, les fiévres bilieuses continues ou subcontinues: tandis que vers la pointe Sud, ce sont principalement les fièvres périodiques, réglées ou masquées, dégénèrant souvent en pernicieuses; et ce caractére mixte, ou versatile, si souvent observable dans ces diverses maladies, tient principalement, selon moi, au mélange perpétuel de deux atmosphéres différents.

Sous ce dernier rapport, et avant de terminer ce qui concerne les régions maritimes, il est encore un autre aspect, sous lequel il faut considérer l'influence, simple ou composée, de l'atmosphére, pour mieux apprécier ses effets sur la santé. Cet aspect comprenant ce qui à trait à la génération spontanée de quelques classes d'animaux, insectes ou reptiles, à la formation extemporanée de quelques substances salines, fixes ou volatiles, dans telles ou telles régions, il n'est pas étranger à la connoisance de celles-ci, de considérer ces résultats organiques et chimiques, soit comme indices, soit comme suites, soit comme causes d'insalubrité. Mais cet article sera renvoyé au chapitre suivant, où se fera l'éxamen plus particulier des parties intégrantes et élémentaires du méphitisme. A présent il nous reste à terminer ce qui concerne les qualités générales de l'atmosphére d'Italie, observées dans ses différentes régions.

Lancisi, qui a traité cette matiére en phisicien, en philosophe, et en medecin, prétend qu'il faut rapporter tout ce qu'on impute de malsain à l'air d'Italie, à l'influence excessivement chaude des vents du Midi, et à celle des eaux stagnantes. Mais c'est surtout à la réunion de ces deux causes, qui, chacune séparément, seroient peu efficaces. Il prétend aussi prouver, par la situation du pays et par la nature de ses productions, ainsi que par la vivacité, et la longévité de ses habitants, que cet air par lui-même, n'est pas insalubre, et qu'il ne le devient que par des causes accidentelles; tels sont les débordements des grands fleuves, les dépots, les atterrissements qui en sont la suite, la rupture des Aqueducs etc. Mais outre ces causes accidentelles, il en est d'autres, qui, comme on l'a vu dans les premiers chapitres, sont permanentes et essentiellement inhérentes à sa conformation peninsulaire, montueuse et maritime; a sa circonvallation par des chaînes hautes et sinueuses, qui, d'une part, favorisent les atterrissements maremmatiques, et de l'autre, s'opposent aux ventilatios salutaires; enfin à son exposition qui la rend sujette à la prédominance directe, et au reflet des vents les plus insalubres. Or tout cela ne peut pas être réputé accidentel.

Les vents d'Est pour l'Italie, c'est à dire, ceux de l'Asie et de l'Archipel, sont moins malsains que ceux du Sud, ou ceux d'Afrique; surtout lorsque ceux-ci sont portés au plus haut dégré de leur aridità brulante, comme le dit *Lancisi*. Mais les pires de tous sont ceux qui tiennent de l'un et de l'autre, c'est a dire ceux du Sud-Est, qui, à la fois humides et chauds, portent par excellence le nom de Sciroque. Il est vrai que souvent dans le langage vulgaire, on appelle aussi de ce nom, en quelque sorte générique, une partie des vents du Sud-Ouest, bien que celui-ci constitue, comme on sçait, le *Libec* ou *Libéche* proprement dit. Ce dernier, au moins pour l'Italie Septentrionale, qui en est défendue par la chaine des Apennins, est moins insalubre que le vrai Sciroque, lequel inonde cette région par le Golfe Adriatique. Mais pour l'Italie Méridionale le Libéche est souvent un fléau: il y est plus malsain que les vents purs et simples d'Est, de Sud, et d'Ouest. En général les vents composés et opposés qui régnent ensemble, comme on l'observe quelquefois dans les deux régions de l'Italie, ou qui s'y succédent rapidement, sont les plus insalubres de tous. Ils sont les plus *météoreux*, les plus orageux, et les plus fiévreux. Le Sciroque surtout, lorsqu'il n'est pas reflèchi ou repercuté, c'est à dire le plein Sud-Est, avec ses mutations fréquentes, est le vent le plus remarquable sous ces trois rapports. Il est aussi par fois le plus contraire à la bonne végétation, quoique dans certains temps, et dans certains lieux, il soit, comme on l'a dit cy-dessus, le plus favorable à la maturation des récoltes. Dans les régions les plus alpestres, comme dans les saisons les plus rigides de l'Italie, il est un vrai bienfait pour les végétaux, comme pour les animaux, et pour les hommes. Aussi lui a-t-on donné le surnom de *Pere des pauvres*: il leur tient lieu de vétements, d'habitations, de foyers, et il facilite leur subsistance. À tous ces égards il est une sorte de compensation à ce que, dans d'autres temps, et d'autres lieux, il n'éxerce que des effets dévastateurs: effets que nous ne considérons ici, que sous les rapports de son insalubrité, soit comme cause de méphitisme, soit comme agent d'intempérie.

Dans la plûpart des régions d'Italie, si le méphitisme compte pour deux, parmi les causes des maladies les plus ordinaires, l'intempèrie, c'est à dire, le passage du chaud au froid, doit compter pour dix. C'est pour cela que si, dans les pays ultramontains, tels que l'Allemagne et la France, où les causes et les maladies de méphitisme atmosphérique sont presque nulles, ou ne sont que locales, le maintien de la transpiration est nécessaire comme deux, il le sera comme dix en Italie. Aussi les précautions, relatives à cet objet essentiel, sont bien plus recherchées dans ce dernier pays, que dans les autres. Le principe sur lequel est établie cette différence, de climat a climat, consiste (outre une ventilation plus mobile et plus variable) en ce que dans celui-ci, il existe habituellement une plus abondante aquosité dans l'atmosphére: et il est connu que cette aquosité est presque double, si l'on en juge par les résultats de l'évaporation, et de la pluie, dans un temps donné. Or il est certain que cette surabondance d'eau dans l'air, rend plus sensibles les variations du froid et du chaud, bien que réellement moindres à en juger par les instruments; comme elle rend aussi plus actives les mutations de l'électricité, et plus instante la formation des météores nébuleux, nuageux, et orageux quelconques. Mais il est une autre particularité de ce climat, qui exige des précautions plus sévéres encore que la vicissitude d'intempéries: c'est la facilité avec laquelle les émanations quelconques, les putrides et marécageuses, s'élévent dans l'air, et y prennent plus d'intensité, par l'effet réuni de la chaleur et de l'humidité vaporeuse: intensité que favorise encore la disposition prochaine où se trouvent, dans cette même constitution d'air, les corps vivants, pour en éprouver la pernicieuse influence. Mais celle-ci, à méphitisme égal, n'est pas à beaucoup prés la même partout. La pire de toutes est dans les régions, où, avec le méphitisme local, et celui apporté des plâges voisines, se combine la vicissitude de la température: où, aux exhalaisons marécageuses de la journée, succédent les vapeurs brûmeuses de la nuit, comme par exemple, dans la campagne de Rome.

Les anciens Romains avoient senti tous les dangers de cette influence mixte. *Strabon* assure que de son temps la salubrité étoit dûe, moins aux qualités naturelles du sol, qu'aux travaux immenses, relatifs aux forêts, aux aqueducs, aux routes, aux places et edifices publics. *Tite-live* donne la Chronologie de 22 pestes dans l'espace de 200 ans; mais ces pestes n'étoient probablement que des épidémies graves, devenant contagieuses par leurs progrés, et dans les grands rassemblements des malades aux armées. Il est toutefois remarquable que ce nombre de 22 époques d'épidémies pestilentielles, en 200 ans, correspondroit, si elles eussent été également reparties, aux périodes lunaires novennales: périodes, qui,

selon les observations des Météorologistes modernes, sont celles qui semblent avoir le plus d'influence, pour ramener dans cette révolution, de
semblables constitutions d'air, et par conséquent
pour reproduire des maladies épidémiques analogues, ou bien des Epizooties. (voyez *article su-
plementaire*. N.º 2.).

Les gouvernements de Rome moderne se sont
aussi beaucoup occupés de travaux relatifs à la sanification de l'air, surtout du désséchement des marais, et d'opposer des digues aux inondations, si
contraires à la salubrité. Ils ont pris soin en divers
temps du rétablissement des aqueducs, dont les
eaux épanchées parmi les ruines, infectoient l'air
du voisinage. D'autres fois ces mêmes eaux res-
toient répandues et croupissantes dans des parties
de la campagne de Rome, dont les niveaux ont été
interrompus, ou par les dépots des volcans, et par
ceux des alluvions, ou par les travaux des Romains.
Combien de fois cette cause d'insalubrité, celle du
croupissement des eaux, resulte des ouvrages im-
prudents des hommes! Ouvrages souvent suggé-
rés par la cupidité, comme dans les riziéres, ou
par des vues de sureté, comme dans les places
fortes etc. etc. C'est des anciens canaux envasés
de l'Egypte que sortent perpetuellement, dit-on,
la lépre et la peste. Il en est de même du scorbut, et des fiévres putrides en Hollande. Les canaux s'y putréfient à tel point en Eté, qu'on les

voit souvent couverts de poissons morts, et que la fétidité en est extrême, malgré la ressource des moulins à vent, que l'on employe pour faire circuler les eaux. En France les anciens marais salans de Broüage, où l'eau de la mer ne vient plus, et dans lesquels les eaux de pluie séjournent, parcequ'elles y sont arrêtées par les digues des vieilles salines, sont devenues des sources constantes d'épidémies, et d'épizooties. Les unes et les autres ont été attribuées, tantôt à la corruption de l'air, tantôt à la rouille des herbes, tantôt aux brouillards. Mais toutes ces prétendues causes ne sont elles-mêmes que des effets de la corruption des eaux. Les lieux les plus malsains de la terre sont, en Asie, les bords du Gange, d'où sortent chaque année des fiévres mortelles, qui en 1771 coutérent, au Bengale, la vie à plus d'un million d'hommes. Elles ont pour foyer les riziéres, qui sont des marais artificiels, formés le long du Gange. Non seulement la culture de ce végétal est rendue insalubre par le croupissement des eaux, mais les racines et les pailles qu'on laisse aprés sa récolte, pourrissent et changent le sol en bourbiers infects, d'où s'exhalent des vapeurs pestilentielles.

C'est à cause de ces inconvénients, que l'on en a défendu la culture en plusieurs endroits de l'Europe, surtout en Russie, aux environs d'Oczacov, où on le cultivoit autrefois. En Afrique

84

l'air de l'Isle de Madagascar est corrumpu par la même cause, pendant six mois de l'année, et y sera toujours un obstacle invincible aux établissements des Européens. Toutes les Colonies françoises qu'on y a établies, y ont péri successivement, par les effets du mauvais air, provenant de cette source. Notre navigation sur les côtes d'Afrique, et les garnisons de nos comptoirs, fournissent des exemples remarquables d'une mortalité extrême, dont l'unique cause est le mauvais air, par les fiévres dyssentèriques et putrides qui en sont la suite, et notamment celle de Guinée, qui tue en trois jours l'homme le plus robuste. On cite la malignité de l'air de St Domingue, de la Martinique, de Portobello, et de plusieurs autres endroits de l'Amérique, comme un effet naturel du climat. Mais ces lieux, dit un écrivain célébre, ont été habités par des sauvages qui, de tout temps, ont entrepris de détourner des rivières, et de barrer des ruisseaux. Ces travaux font même une partie essentielle de leur défense. Ce même auteur ajoute qu'on est d'autant plus fondé à attribuer aux sauvages la corruption de l'air, si meurtrière, dans une partie des Antilles, que toutes les Isles que l'on a trouvées sans habitants étoient trés saines ; telles que les Isles de *France*, de *Bourbon*, Ste *Hélène* etc. Mais combien d'exemples on peut citer, sans sortir de l'Italie, pour prouver que dans bien des endroits de son littoral, il est des causes d'insalubrité méphitique qui leur sont naturelles, ou inhérentes, et tout-à-fait indépendantes de la main des hommes! Il est toutefois vrai de dire, que de cette dernière cause dérivent les accroissements de la même insalubrité, dans d'autres parties de l'Italie, et notamment dans des parties intérieures, ou Méditerranées, telles que la Lombardie etc.

Nous avons jusqu'à présent fait l'énumeration des causes de l'un et l'autre ordre, ainsi que celle des effets généraux qui s'observent dans l'une et l'autre région. Il résulte de cette énumeration, que dans l'Italie Méridionale, prédomine la double influence de la chaleur excessive, et du méphitisme marécageux : que dans l'Italie Septentrionale ce dernier n'existe que dans la partie inférieure, et la partie moyenne, ou centrale de la Lombardie; tandis que dans le surplus, et génèralement dans les parties montueuses de l'une et de l'autre région, aulieu d'une chaleur égale à la précédente, aulieu d'un méphitisme comparable à celui des parties basses et maremmatiques, il règne une vicissitude d'intempéries, une succession de météores, remarquables surtout, par une surabondance d'humidité sous toutes les formes. Mais malgré cette diversité, malgré ce concours de causes d'insalubrité, on peut dire néanmoins que l'une et l'autre ré-

gion de l'Italie ne sont pas essentiellement malsaines, lorsque les saisons y sont régulieres, lorsque leur ordre accoutumé n'est point interverti
par quelque constitution extraordinaire, ou par
quelqu' intempèrie trop dominante, et d'une certaine durée.

En général les saisons dans ce pays ont des
transitions marquées, et ne se succédent pas insensiblement, comme dans beaucoup d'autres. Elles s'ouvrent, et se ferment pour l'ordinaire par
quelques grands orages; et alors la température
change tout-à-fait. Mais c'est principalement au
passage de l'automne à l'hiver, et de l'hiver au
printemps, que ces orages sont remarquables,
bien que cependant il n'y ait pas de mois de
l'année, où le tonnère ne se fasse entendre dans
quelque partie de l'Italie, même dans les mois
d'hiver. Cette dernière saison, y compris la fin
de l'Automne, est le temps des grandes pluies.
Alors les vents du Nord et du Nord-Ouest soufflent alternativement, et sont accompagnés d'un
froid assez vif, de brúmes et de brouillards, souvent alternés de pluie, et quelquefois de neige.
Ces frimats, ces météores humides, vont toujours en croissant de durée et d'intensité, depuis
le 44.ème jusqu'au 46.ème dégré. A ce dernier terme, au Golfe de Naples par exemple, le dégrè
moyen de la chaleur, ou de la température, est
de 15 à 16 dégrés, selon le thermomètre de *Re-*

aumur, et de 3 à 4 dans les montagnes du Piémont. La moyenne proportionelle entre tous les lieux de l'Italie, où l'on a fait des observations météorologiques, est environ de dix dégrés; et ce dégré moyen, à quelques différences prés, s'observe dans beaucoup d'endroits trés distants les uns des autres, tous compris entre le 44.ème et le 45.ème dégré de latitude, ou de hauteur polaire, depuis Bologne, par exemple, jusqu'à Milan, et de Milan à Venise. La hauteur polaire de Bologne est de 44—29, et sa tempèrature moyenne est de 10—94. Milan est à 45—18 de hauteur, et sa tempèrature à 10—2;. Venise est à 45—27, et à 10—90. On voit par là que ce n'est pas seulement la hauteur du Póle qui régle la tempèrature des lieux; puisqu'entre Bologne et Venise il y a justement un dégré de différence, et que leur tempèrature moyenne est la méme: tandis qu'entre Venise et Milan, dont la hauteur est égale, la température offre quelque différence. Mais on sçait que l'élevation des différents lieux, au-dessus du niveau de la mer; que leur distance respective de son littoral; que les différences locales dans leur ventilation, dans leur abri, influent tout-autant, et souvent plus que la hauteur pôlaire, sur leur température moyenne, et par conséquent sur leur culture, sur la maturation de leurs fruits, ainsi que sur la production de leurs maladies respectives.

Une chose d'observation générale à ce dernier égard, c'est qu'à mesure qu'au-dessus de ce terme moyen de 10 dégrés, la tempèrature chaude s'accroît, à mesure aussi s'accroissent la durée et l'intensité du méphitisme, dans les régions qui en sont susceptibles, en se rapprochant de plus en plus des régions Méridionales et Orientales; tandis au contraire, que dans toutes les parties qui, plus Septentrionales ou Occidentales, se trouvent constamment au-dessous de cette tempèrature moyenne de 10 dégrés, on n'observe aucune trace de méphitisme. Il y règne plus particuliérement des intempéries froides et brûmeuses, avec des vicissitudes fréquentes du froid au chaud; mais les intempéries humides, et les variations du chaud au froid, principalement dans le passage du jour à la nuit, sont bien plus remarquables et bien plus à craindre, dans les régions dont la tempèrature moyenne est au dessus du 10.ème dégré, que dans celles où elle est au dessous. La raison de cette influence, plus périlleuse dans celles-là, tient surtout à ce que l'air y est imprégné de méphitisme, et que dans celles-ci il en est généralement exempt.

On ne veut pas dire par là, que tous les lieux dont la chaleur moyenne surpasse le 10.ème dégré, soient méphitiques, et le soient par cette seule raison. Nous en avons cité beaucoup qui ne le sont pas, bien que leur situation entre le 44.ème et le 40.ème dégré de hauteur pólaire, leur fasse éprouver une tempèrature moyenne supérieure à 10 dégrés. Mais c'est plutôt dans les régions situées entre le 44.ème et le 43.ème dégré de latitude, que dans celles des dégrés ultérieurs, qu'il faut chercher les exemples d'une chaleur supérieure, éxempte de méphitisme. Génes par exemple, qui est à 44—45 de hauteur, et à 12—84 de tempèrature, est beaucoup plus sain que Rome, dont la hauteur est à 41—54, et la tempèrature à 12—75. Parme qui est a 45—50 de hauteur, et à 12—00 de tempèrature, est plus salubre que Padoue, dont la hauteur est 45—24, et la chaleur 10—96. Florence dont la hauteur est à 43—46, et la tempèrature à 13—17, n'éprouve pas l'insalubrité de Molfeta, dont la hauteur est à 41—18, et la tempèrature à 13—10: et ces deux derniers endroits neanmoins sont également éxempts d'exhalaisons marécageuses; mais ils ne sont pas exposés aux mêmes ventilations, ni également éloignés du littoral. Ce sont là en effet, nous le repetons encore, les quatre principaux éléments de l'insalubrité méphitique: la chaleur forte, les eaux stagnantes, le voisinage d'un littoral bas, et l'exposition aux mauvais vents, dans telles saisons de l'année.

Nous avons déjà dit cy-dessus qu'à la fin de l'Automne, et durant tout l'hyver, les vents dominants, dans la majeure partie de l'Italie, sont ceux du Nord, ou du Nord-Ouest, lesquels sont pour l'ordinaire accompagnés de pluyes abbondantes et froides, qui continuent jusqu'au retour du printemps. Alors les vent d'Est, et de Nord-Est ramènent la sérènité, et la salubrité de l'atmosphére. Mais en Eté, et pendant une grande partie de l'Automne, les vents du Sud, du Sud-Est, et ceux du Sud-Ouest prédominent, et alternent souvent. Ils maintiennent, dans la partie Méridionale surtout, et dans le bas de la Lombardie, des chaleurs trés fortes, qui durent pendant plusieurs mois, et qui produisent de temps en temps des orages violents, Ceux-ci servent à rafraichir, et a dépurer l'atmosphêre, au moins passagérement; mais ils sont assez souvent accompagnés de tempétes et de grêles, principalement dans les parties qui sont à la fois voisines des montagnes, et peu distantes des Mers.

Au surplus, tant que cet ordre des saisons n'est pas considerablement interverti, on voit peu de maladies graves; et les endroits qui recélent des causes marquées d'insalubrité méphitique, telle que les environs des marais et des maremmes, sont les seuls qui éprouvent des fiévres pernicieuses. Mais dans les années où la température devient excessive, en chaud ou en froid, dans celles où les saisons irréguliéres s'éloignent trop de leur marche ordinaire, quant à la succession des météores venteux, et pluvieux, ou quant aux vicissitudes d'intempéries; dans celles surtout où la grande sécheresse se fait sentir en hyver; où le printemps et l'Eté sont humides et pluvieux, alors on voit régner à la fin de l'Eté et en Automne, dans les différentes contrées de l'Italie, des fiévres épidémiques, qui prennent le caractére plus ou moins Autumnal, plus ou moins pernicieux: caractére qui se montre tantôt putride, ou bilieux, tantôt catharral, ou inflammatoire, tantôt dyssentérique, ou exanthématique; et ces différents caracteres, quelquefois compliqués entre eux, d'autrefois se succédant l'un à l'autre, sont toujours relatifs, d'une part, à la succession, et à la longe durée de telle intempérie excessivement froide ou chaude, ou bien de telle autre excessivement séche et humide; et d'autre part, à la combinaison du méphitisme avec quelques unes de ces intempéries.

Il arrive enfin que, sous l'influence d'une constitution d'atmosphére hors de saisons, il se fait une sorte de transposition dans les maladies régnantes, c'est-à dire, qu'en hyver les fiévres épidémiques ou endémiques, ont un caractére pernicieux ou putride, comme en Automne; ou bien qu'en Eté elles ont un caractere catharral, ou inflammatoire, comme au Printemps. Ce sont ces différentes considerations, applicables aussi á d'autres climats, qui peuvent servir á expliquer la génèration , sans doute plus familière à celui d'Italie , des fiévres compliquées , masquées et transposées , ou des intercurrentes : ce sont elles aussi qui y rendent beaucoup plus difficile l'éxercice de la Medecine, outre les complications sans nombre des affections chroniques. Notre but n'étant point ici de faire un traité de Clinique, mais seulement de donner des vües générales, nous nous en tiendrons, quant à l'objet Therapeutique et Prophilactique, à ce qui a été dit à la fin du chapitre troisiéme, à ce qui terminera le septième, et à ce qui se trouvera dans les *articles suplementaires* n.ᵒ 4. 7. Cependant pour éclairer de plus en plus ces vües générales sur le climat de l'Italie, nous avons crû utile , dans le chapitre suivant, de résumer er d'étendre les notions relatives à l'atmosphére, considéré sous ses rapports chymiques et physiques .

CHAPITRE SIXIÉME.

Corollaires généraux, applicables aux chapitres antécédents, relatifs aux qualités différencielles des principales et diverses régions de l'Italie, plus ou moins assujéties aux influences du méphitisme et de l'intempérie : résultats sommaires de l'examen chimique et de l'observation médicale sur cette double cause d'insalubrité, celle des météores atmosphériques, et celle des gâz aëriformes, méphitiques ou miasmatiques.

En résumant tout ce qui a été épars dans les chapitres précédens, on en concluera que l'atmosphére, dans son acception la plus générale, est un grand laboratoire, dans lequel la nature exécute sans cesse d'immenses analyses; des dissolutions, des précipitations, des combinaisons nouvelles. On verra que c'est un vaste récipient, dans lequel les produits des corps terrestres, atténués et volatilisés, leurs débris partiels, sont constamment recueillis, agités, désunis, combinés et metamorphosés. Ainsi sous cet aspect général et vague, l'atmosphére est un vrai câhos, un mélange indéterminé de vapeurs aqueuses et minérales; d'éffluves végétaux et animaux; de germes moléculaires ou animalculaires; de semences et d'oeufs, appartenants à ces deux ordres de corps organiques; enfin de miasmes et de méfites, plus ou moins définis, ainsi que de sels, résultants de leur dècomposition. Ces différentes substances, mixtes ou composées, les unes dissoutes ou aëriformes, les autres volatilisées ou suspendues, nâgent sans cesse et en tous sens, dans deux autres fluides aërés, mal à propos reputés simples ou élémentaires, l'oxigéne et l'ázote, qui constituent le fond ou la masse essentielle de l'atmosphére: et cette masse fluide, vaporeuse, est elle-même constamment traversée, pénétrée, et pour ainsi dire, animée, par d'autres fluides plus subtiles, plus mobiles, celui de la lumiére, celui de la chaleur et celui de l'électricité.

Les deux premiers, le calorique et la lumiére, bien que éléments libres, ou du moins raisonnablement réputés tels, et par consequent avides de combinaisons nouvelles, y éxistent néanmoins en des proportions trés variables, et dans un état trés divers d'activité ou de mouvement: mais ils éxistent toujours en surabondance, par rapport aux autres ingrédients, dont ils opérent ou favorisent les combinaisons et les transmutations. Quant au fluide électrique, tout porte à croire qu'étant mixte du premier ou du second ordre, et jouissant déjà d'une sorte de saturation, il s'y maintient d'une maniére plus indépendante des autres éléments; mais que cédant néanmoins à des voies de décomposition, et de récomposition, rapides et continuelles, lorsque des principes analogues ou contraires à ceux de sa mixtion, surabondans ou plus actifs, y présentent des affinités supérieures, des moyens de réaction plus puissante, il doit éprouver aussi de grandes vicissitudes dans ses quantités, relativement à celles des autres fluides ignescens et lumineux.

Enfin ces trois fluides étant également subordonnés aux loix de diffusion, d'équilibration, et de concentration; également susceptibles de se prêter aux loix des affinités, pour entrer dans de nouvelles combinaisons; également propres, au moyen de l'intervention de l'eau, à se servir reciproquement et chacun à sa maniére, de véhicule excitateur et condensateur, ils ne peuvent manquer de subir dans le sein de l'air, de considérables mutations, soit dans leurs proportions relatives, soit dans leurs aggrégations, soit dans leurs mouvements. Tous les grands changements que présente, à ces divers égards, l'atmosphére, et qui se font sentir sur de vastes segmens de ce milieu, par des bruits, des éclats, des incandescences, des tourbillons etc., sont appelés météores atmosphériques: météores produits et manifestés tantôt par les effets de l'eau et de l'air, passant de l'état de raréfaction à celui de condensation, ou réciproquement; tantôt par ceux du calorique et de la lumiére, déjà libres, ou se dégageant de leurs combinaisons antécédentes; tantôt par ceux de l'électricité, qui probablement n'est elle-même que le résultat des précédents principes, toujours prêts à défaire, ou à refaire ce mixte explosif, et combustible. Mais lors-même que la réaction de ces divers fluides, les uns sur les autres, est plus restreinte, ou plus bornée, elle n'en donne pas moins lieu à des changements qui, quoique plus cachés, n'en sont pas moins réels, tant sur la composition que sur les intempéries de l'atmosphére. Et quoique ces espéces d'aggregats météoriques soient moins sensibles, moins reconnoissables aux appareils mètéorologiques, que les véritables météores, dont ils ne sont la plûpart que des diminutifs, ou des modifications, leur action sur les êtres animés ne doit pas être néanmoins révoquée en doute.

Si au tableau que l'on vient de voir, l'air atmosphérique paroît être un câhos inextricable, tant pour sa composition infiniment hétérogéne, que par ses qualités trés diverses, et incessamment variables, à plus forte raison sa maniére d'agir habituelle, et ses influences accidentelles, doivent paroître une énigme difficile à entendre, et principalement sur le corps humain. Ce dernier tirant de là sa principale subsistance, son organisation, ainsi que ses môdes d'existence, le rendent beaucoup plus susceptible de toutes les les impressions, et plus accessible à toutes les vicissitudes, de composition et d'intempéries, qu'éprouve ce milieu. Il agit sur lui par sa masse, et par son poids; par son aquosité et sa tempèrature; par son élasticité et son électricité; enfin par ses météores et ses intempéries, qui sont les résultats de ces mêmes qualités très connues. Mais il y agit encore par d'autres qualités plus cachées; par un état de sécheresse qui n'exclut point une humidité apparente; par un dégré de froid, qui ne tient point à l'absence de la chaleur; par une surabondance de feu électrique, qui ne se meut et ne scintille point etc. Et de ce que ces divers fluides, de l'eau, du calorique et de l'électricité, s'y trouvent dans des états particuliers de dissolution, et de combinaison, il resulte des intempéries passagéres et locales, non reconnoissables par les instruments météorologiques: intempéries plus communes et plus influentes, comme on l'a dit cy-dessus, dans certaines saisons et dans certaines régions de l'Italie, que dans d'autres. Mais de ces intempéries occultes, de ces aggrégats météoriques, qui tiennent plus à la mixtion chimique de l'air, qu'à sa constitution phisique, naissent, dans le mécanisme de l'organisation, des effets différents, des altérations maladives, plus ou moins difficiles à saisir, et pourtant très réelles. Car de même que, dans les opérations de la chimie journaliére, non seulement la présence, mais même les qualités de l'ambiant, produisent des résultats très divers; de même aussi, dans les procédés de l'animalité, comme dans ceux de la végétation, ainsi que dans ceux qui transforment les substances végétales en animales, il faut bien reconnoitre ces influences, tant des qualités, que des ingrédiens, indiscernables de l'atmosphére.

Mais dans ce mélange hétérogéne, dans cet aggrégat cahótique, que le Médecin philosophe doit considérer sans cesse, il ne faut pas confondre ce qui est essentiel à sa composition, et dont l'usage habituel rend les impressions nulles ou inactives sur la santé, avec les substances étrangéres et accidentelles, qui étant passagérement et localement introduites, deviennent des causes de maladies. On ne parle pas ici des exhalaisons minérales, toutes plus ou moins méphitiques de leur nature; non plus que des effluves odorans, et spermatiques des animaux, ou des végétaux, dont plusieurs sont aussi plus ou moins vénéneux. On ne parle pas non plus des sémences, des oeufs, des animalcules, disséminés dans l'atmosphére, et que des auteurs visionaires ou Microscophiles, y ont multipliés à l'infini, comme causes de maladies, mais dont pourtant il existe des exemples, dans quelques cas particuliers. Quant aux germes moléculaires ou miasmatiques, ceux qui émanent des corps malades, ou ceux qu'exhalent les foyers cadavériques ou paludeux, ce sont encore, ainsi qu'on le verra cy-aprés, choses trés distinctes des méphites, ou des gáz aériformes proprement dits : comme aussi les fluides de la lumiére et de la chaleur sont, par leurs effets sur le corps vivant, bien distincts de ceux de l'électricité. Ceux-là, lorsqu'ils sont portés à un trés haut dégré de concentration, deviennent sans doute, chacun dans leur genre, des causes de maladies, par leur action éminemment stimulante ; mais elles tiennent toujours à des circonstances particuliéres, qui ne doivent point entrer dans l'examen général de l'atmosphére.

Selon les Physiciens les plus modernes, la chaleur excitée par les rayons solaires, dépend uniquement de la nature des corps sur lesquels ils tombent, ou à travers lesquels ils passent. Si ces rayons portoient toujours et nécessairement chaleur avec eux, et par leur nature, il sembleroit que les lieux les plus élevés devroient être plus chauds que les lieux bas ; et cependant les sommets des plus hautes montagnes, bien que n'étant pas toujours couvertes de nuages, offrent cependant toujours des glaces et de la neige. Plus on s'éléve avec les Aërostats, plus on éprouve de froid, même avec le plus fort soleil, et le ciel le plus serein. Dans le sein de l'air, jamais les rayons du Soleil, recueillis par une lentille, n'excitent de chaleur sensible ; tandis qu'à la surface de la terre, ils fondent les matiéres les plus réfractaires. Ainsi, bien qu'aux yeux des Chymistes, le principe de chaleur, ou le calorique, soit une matiére trés rèelle, trés [distincte, et tout-à-fait indépendante des autres matiéres, dites élémentaires, il a besoin cependant, aux yeux des Physiciens, pour exercer son action brulante et fondante, d'autres conditions que celles de son aggrégation concentrée. Il différe en cela, et sous d'autres rapports encore, du principe de la lumiére, que les Chymistes regardent aussi comme substance différente de celle du feu, et que des Physiciens voudroient en vain assimiler. Mais mettant à part ces discussions, peu importantes pour le Médecin, qui ne cherche pas à sçavoir, si la chaleur et la lumiére sont des principes distincts, ou seulement des módes différents de la même matiére, il suffit de remarquer ici que, hors les cas rares et particuliers d'une concentration forte, et d'une action directe, des rayons solaires et lumineux, ces deux agens n'exercent aucune influence sur les corps organiques, qui soit distincte et séparée de celle qu'éxercent les intempéries et les météores atmosphériques, dont on a traité dans les chapitres précédents. Reste donc dans celui-ci, à éxaminer avec plus de détail et de précision, ce qui dans la masse confuse des ingrédiens, et des qualités de l'air, concerne plus particuliérement le méphitisme, et l'électricisme : et si l'on revient encore sur ces deux objets, c'est parcequ'ils sont les plus intéressants dans l'étude des climats, et spécialement de celui de l'Italie. Ils vont faire la matiére des deux paragraphes suivants.

PREMIER PARAGRAPHE.

Electricisme de l'air.

C'est aujourd'huy un axiome en Phisique, qu'entre la Terre et l'Atmosphére, il existe un commerce non interrompu de fluide électrique. Il a lieu, non seulement dans les temps d'orage et de tempêtes, ou de vents quelconques, ainsi que dans l'état alternatif et perpétuel des marées aëriennes; mais encore à ciel serein et tranquille. Le principe de ce mouvement électrique, est l'équilibre auquel tend sans cesse ce fluide; équilibre que détruisent aussi sans cesse, les innombrables causes qni altèrent ou changent l'état de l'atmosphére et de la terre. Parmi ces causes, comptez la chaleur, la lumière, l'aquosité, les fermentations, les incandescences et surtout l'évaporation.

L'inéquilibre et par consequent les fréquents

et rapides mouvemens de ce feu électrique, se font surtout appercevoir au printemps, comme le prouvent les météores ignivômes ou ignescens, plus communs dans cette saison, que dans toute autre, et plus communs aussi en Italie que dans beaucoup d'autres régions. Il est connu en effet, que c'est au printemps que la nature, se réveillant de son assoupissement, fermente, se développe et cherche à produire ce fluide électrique, qu'elle renfermoit caché dans le sein de la terre. Alors les montagnes, encore couvertes de neiges et de glaces (substances idio-Électriques ou semi-cohibentes) ne sont pas dans un état favorable à laisser exhaler ce fluide. Il est connu aussi, que la plus grande évaporation terrestre, a lieu au lever du soleil, et que le froid ainsi que la sécheresse de l'air, rendent plus forte cette évaporation. De même que l'eau en nuáges, en vapeurs, ou bien en masse, et surtout en courans, est un puissant conducteur de l'Électricité, de même aussi la matiére du feu, dans tous ses états d'aggrégation et de mouvement, soit sous terre, soit dans l'atmosphére, posséde et éxerce cette propriété conductrice.

On sçait que l'Électricité atmosphérique, lorsque le ciel est serein et tranquille, est toujours positive ou en plus: tandis que d'aprés les recherches de *Beccaria* et de Lord *Mahon*, l'électricité en plus des nuáges, y électrise en moins les régions et les corps environnants. L'électricité des grandes chûtes d'eau, ou des cascades, est négative, et telle est aussi presque toujours l'électricité de la pluye, ainsi que celle des nuâges orageux, selon M. *Volta*. Mais selon M. *Giobert* l'électricité de la pluye et celle des vapeurs, à l'air libre, est tantôt en plus, tantôt en moins, et quelquefois nulle, ainsi que celle même des chûtes d'eau. M. *Read* pretend que dans les bourasques et dans toutes les perturbations de l'air, l'électricité est souvent négative, ou changeante soudainement d'un état à l'autre. Une pluye légère et chaude est foiblement électrique, les grandes averses fortement, et les grêles éminemment saturées de ce fluide.

L'électricité varie beaucoup en raison de la sécheresse, de l'humidité et de la chaleur de l'atmosphére. Les vents aussi influent sensiblement sur l'état de l'électricité atmosphérique. L'air sec et froid étant un mauvais conducteur, et par conséquent un obstacle au passage de l'électricité, les phœnoménes électriques sont dans toute leur vigueur, quand le vent du Nord domine: ils sont aussi très remarquables, lorsque le vent souffle à l'Est; foibles lorsqu'il passe à l'Ouest, et le vent du Midi leur est le plus défavorable: mais dans tous ces cas, il ne faut jamais confondre la quantité relative et apparente de l'électricité, avec sa quantité absolue, ni celle mise en activité. Il n'y a point de rapports, ni de proportions entre l'une et l'autre. Quoiqu'il en soit, puisqu'il resulte des découvertes modernes, que les fluides qui s'évaporent, donnent des indices d'électricité, et que celle-ci, constamment en rapport avec les accroissemens de la chaleur, est tantôt en plus et tantôt en moins, lorsque l'évaporation se fait à l'air libre, il faut en conclure que l'atmosphére d'un climat, où cette évaporation, ainsi que les ventilations chaudes et humides, sont prédominantes, doit être constamment trés électrique, c'est à dire, exposé à la frequence et à l'intensité dans les mutations de ce fluide.

En général la cause la plus immédiate de ses mouvemens, dans la terre et dans l'eau, c'est en apparence la chaleur comme telle. La vapeur émanée de l'eau, aussitôt qu'elle arrive à 5 ou 6 pouces d'isolement dans l'air, acquiert une électricité positive permanente; et la surface de la quelle émane cette vapeur, devient électrique négativement. La vapeur a une plus grande capacité pour l'électricité, ou plutôt absorbe et renferme plus de ce fluide, que l'eau dans son état de densité: et c'est pour cela que la raréfaction doit diminuer, et la condensation accroître la décharge sensible de l'électricité des vapeurs. De là il suit qu'à temps serein, l'atmosphére est sujette à une marée réguliére, c'est à dire, à un accroissement et à une diminution d'électricité, deux fois en vingt-quatre heures, dépendante de l'action du soleil, et du conséquent état des vapeurs raréfiées ou condensées. Cette marée atmospherique est celle prouvée par M. *Mann*, appuyée par les nouvelles observations de M. *Read*. Mais il ne faut pas la confondre avec celle de pression ou d'attraction, reconnüe par d'autres Physiciens.

Selon *Beccaria* le période journalier de l'électricité est tel, qu'avant le lever du soleil, il n'existe pas le moindre signe de ce fluide dans l'air, ni même quelque temps aprés le lever du soleil: mais qu'à mesure que cet astre s'éleve sur l'horison, l'électricité croît dans l'atmosphére; qu'elle s'y maintient pendant le jour, et décroît vers le coucher du Soleil. M. de *Saussure* ajoute que pendant l'hyver, qui est la saison la plus électrique, il y a, en vingt-quatre heures, deux périodes sensibles de *maximum*, et deux de *minimum*: sçavoir, premier *maximum* à la demi-matinée avancée; deuxiéme *maximum* à la chûte de la rosée: premier *minimum* à demi-soirée; deuxiéme *minimum* aux heures da la nuit avancée. M. l'Abbé *Giovene* reconnoît ce flux et reflux journalier; mais il n'en marque qu'un seul: il dit qu'elle est la plus basse possible, aux premiéres heures de la matinée, et qu'elle est au *maximum* aux premiéres heures de l'aprés-midi:

qu'ensuite elle va décroissant vers le soir, et arrive au *minimum* dans la nuit. Il remarque en outre, qu'elle est stationnaire entre les 9 et 12 heures du matin, ainsi qu'entre les 5 et 8 heures du soir : c'est à dire, qu'à une égale distance du *maximum* et du *minimum*, il y a un repos ou équilibre, dont la dureé, selon ce calcul, seroit environ de $\frac{1}{3}$ en 24 heures. Il reconnoit également un période annuel dans l'électricité atmosphérique ; mais il ne veut pas qu'on l'attribue au chaud plus ou moins grand de l'air. Car, dit-il, si dans le période journalier, le flux se trouve aux heures les plus chaudes, et le reflux aux plus froides, dans le période annuel c'est tout le contraire. En effet le flux se trouve constamment dans les mois les plus froids, et le reflux dans les plus chauds. Ainsi M. *Read* se seroit trompé, en disant, que l'électricité périodique de l'atmosphére depend beaucoup du froid et du chaud. Mais la même cause, le chaud, ne pourroit-elle pas produire un effet dans le période journalier, et un effet tout contraire, dans le periode annuel ?

Ce qui empêche souvent de reconnoître ces grandes variations périodiques et reguliéres des marées atmosphériques, dépendantes d'une cause générale, ce sont les variations passagéres, subordonnées à des causes accidentelles et locales ; tels par exemple, que les changements brusques de la température, par une évaporation rapide, par une dissolution ou précipitation instantanée des vapeurs, par des nuáges qui se fondent en brouillards, ou des brouillards qui s'élevent et se délayent en nuáges. Mais de ces causes particuliéres, circonscrites à quelques segmens, à quelques réjions de la terre et de l'air, il faut toujours en faire la déduction ou l'abstraction, pour calculer et reconnoître l'influence de la cause générale ou cosmique, celle de raréfaction, comme celle de pression.

Ainsi donc, si l'état naturel de l'atmosphére est le repos, consistant dans l'équilibre de toutes ses parties; et si la rupture de cet équilibre est nécessairement opérée par les marées, ou d'attraction ou de chaleur, que produisent le soleil et la lune, il fraudra conclure que ces marées, causes productives des vents partiels ou généraux, n'étant pas sensibles toutes les fois qu'elles devroient l'étre, les causes cosmiques qui les déterminent, peuvent être contrebalancées par d'autres causes équivalentes, celles de résistance ou d'impulsion, et de direction contraires. Parmi les causes des vents (autres que ceux dépendants de ces marées plus ou moins réguliéres) il faut, comme on l'a déja dit, compter surtout les raréfactions locales par le chaud, et les condensations par le froid; les fermentations et les effervescences, qui causent des vapeurs et des exhalaisons dans l'atmosphére; les éruptions, les dévelopemens rapides des fluides élastiques, du sein de la terre, et de celui des grands amas d'eau ; éruptions et dégagements, qui ne sont pas seulement opérés par les volcans et par les tremblemens de terre, mais qui sont le résultat évident de bien d'autres météores souterrains, plus remarquables dans certaines régions, et dans certaines saisons, que dans d'autres. Les grandes congestions, les émissions rapides, du fluide électrique surtout, sont les causes principales de ces météores. Par l'intervention de ce dernier agent, comme par la surabondance du principe de chaleur et de lumiére, libres dans l'atmosphére, on peut, d'aprés les théories modernes, concevoir la conversion de l'eau en gâz aëriformes, et de ceux-ci en eau : de maniére à reconnoître, comme causes productrices de la rupture de l'equilibre dans l'atmosphére, et par conséquent de la génération des vents, dans certaines circonstances, dans certaines régions circonscrites, la conversion rapide de ces deux fluides l'un dans l'autre.

Quant à la direction infiniment diversifiée des vents, elle est presque toujours dépendante d'un concours de forces combinées, résultant, et de l'impulsion et de la résistance. Celle-ci dépend pour l'ordinaire des localités, dans lesquelles soufflent les vents, telles que les chaînes des montagnes, les foréts, les fleuves, les lacs, les mers etc. Celle-là est souvent aussi composée elle-même, par la reunion des causes d'attraction, de température et d'électricisme. Mais parmi toutes les causes qui troublent l'équilibre de l'atmosphére, et contribuent à la production des vents, les plus générales et les plus constantes, sont la raréfaction et la compression de la masse aërienne. L'une et l'autre sont les effets immédiats des marées de l'atmosphére, tant d'attraction que de chaleur. Le mouvement régulier de ces marées du Levant au Couchant, conséquemment à l'influence du soleil et de la lune, doit produire des vents foibles, mais constants, qui se font surtout sentir sur les bassins des mers, et sur les grandes plaines, telle que la Lombardie, et les plâges ouvertes de la Méditerranée. Les parties comprimées de l'atmosphére environnant, se précipitent vers les parties les plus raréfiées de ces marées aëriennes, et les suivent dans leur cours régulier d'Orient en Occident: surtout encore, lorsque les chaînes des montagnes collatérales favorisent cette direction, par celle même des grandes vallées ouvertes de l'Ouest à l'Est, telle qu'est encore celle de la Lombardie; vallée où l'on observe plus qu'ailleurs des remoux ou des contre-courans dans la masse de l'air. Mais les parties de l'atmosphére, qui se trouvent situées à l'occident des marées, doivent avoir un bien moindre mouvement vers leur point de contact, à cause du mouvement rétrograde de ces marées sur elles-mêmes. Dans tous les cas, ce mouvement d'Orient à Occident, vaincra le petit mouvement d'Occident à Orient. Il produira un vent continu dans la parallèle de la marée, et un vent incliné vers le Nord et vers le Sud, au Nord et au Sud de cette parallèle réciproquement, à 30 dégrés environ des deux côtés de l'Equateur.

Mais lorsque, comme dans la Lombardie encore, les parties collatérales de la vallée sont bordées de hautes chaines, ainsi que son extrèmité Occidentale et Piémontaise, les choses doivent encore souffrir des exceptions, non seulement à raison de la résistance, qu'offrent ces chaînes montueuses, au courant direct de la marée de l'Est à l'Ouest, et de son reflux collatéral vers le Nord et le Sud: mais encore à cause que le reflet du soleil, échaufant et raréfiant l'air beaucoup plus sur la terre que sur la mer, et plus encore sur les pentes des montagnes, que dans les plaines, la direction des marées et des vents secondaires, qui en résultent, se portera toujours davantage vers les parties les plus raréfiées de l'atmosphére. Hors des limites des vents, qui sont les suites des marées atmosphériques, une infinité de causes locales et accidentelles doivent concourir encore à la direction et à la production des vents. Une des moins irrégulières, selon M. *Mann*, est la compression ou le poid de l'atmosphére, provenant de la condensation, de la part des régions froides; et cela à l'*instar* du vent qui souffle constamment des Pôles vers l'Equateur. Au contraire les vents frais, qui s'élévent ordinairement vers le lever et le coucher du soleil, sont manifestement un résultat des marées de chaleur, comme le vent qui se fait sentir dans le temps des hautes marées, l'air étant d'ailleurs tranquille, est un effet de la marée aërienne d'attraction.

On ne peut nier, dit M. *Giovene*, que dans les variations électriques, presque toujours concordantes aux oscillations barométriques, les attractions solaires et lunaires n'ayent quelque part, comme en ont les changements de température, ainsi que les dissolutions et les précipitations qui se font dans l'air, perpétuellement dans l'air. Mais une correspondance entre le Barométre et l'électricité, laquelle reste constante, est celle qui paroit être principalement dépendante des vents. On a supposé mal-à propos, comme chose constante, que le Barométre s'éléve sous les vents du Nord, et s'abaisse sous ceux du midi. Mais combien de faits particuliers prouvent le contraire? Par exemple lorsque les vent de Nord, *rasséreinant* l'atmosphére peu-à peu, comme cela arrive souvent, il entraine dans ce milieu des groupes de nuées (*ventose sfumate*) tendant vers la terre, lesquelles par fois se changent en pluye, en gréle ou en neige; alors constamment le Barométre monte: alors aussi l'Electroscope fait voir qu'il se précipite une grande quantité d'électricité vers la terre. Mais au contraire, quand le ciel est serein, ou du moins sans nuages de cette sorte, alors surement le Barométre reste stationnaire, si même il ne baisse, et avec lui l'Électromètre. Dans une saison, dans une époque quelconque de temps nébuleux, pluvieux ou neigeux, le Barométre a une tendance à se tenir bas; comme au contraire, il tend à être haut dans une époque non pluvieuse, mais plutôt inclinant au serein. Ce ne sont donc pas les variations momentanées, inconstantes comme le vent, capricieuses comme le temps, qu'il faut considerer, mais les tendances plus habituelles et plus durables. Il faut aussi bien distinguer l'ascension ou descension actuelle du Barométre, de sa tendance à monter ou à descendre: l'une ou l'autre se soutient des mois, des saisons entiéres, et même des années: et c'est sur cette tendance durable ou continue, qu'est fondcé la division de tels ou tels périodes, des périodes correspondants aux périodes successifs, au lieu d'être un jeu irrégulier de variations dépendantes de causes irréguliéres. Mais ce n'étoit pas assez de reconnoître les rapports uniformes, la correspondance constante, entre l'électricité atmosphérique et l'état des Barométres; il s'agissoit encore de prouver, comme l'a fait M. *Giovene*, que nonobstant les anomalies, qui tiennent à des vicissitudes passagéres, à des causes secondes, il existe une loi générale: sçavoir qu'à ciel serein, il y a beaucoup d'électricitè dans l'atmosphére, ou du moins une fréquence particuliére dans le temps où le Barométre est descendant, ou disposé et voisin à descendre: et qu'au contraire, il y a trés peu d'électricité, ou qu'elle est peu fréquente, lorsque le Barométre monte, ou qu'il est disposé et prét à monter (Voyez *article suplémentaire* N.º 5.º).

On pourra voir dans ce même article, les rapports qui éxistent entre les mareés de l'électricité souterraine ou minérale, et celles de l'électricité atmosphérique, toujours concordantes aux variations Barométriques, d'aprés mes observations particuliéres et celles de M. *Giovene*. Cet auteur observe que l'un des phénoménes les plus constants dans ces variations barometriques, est que sous l'Equateur elles sont les moindres possibles, et vont s'augmentant de plus en plus vers les póles: là ce ne sont que des lignes: ici ce sont des pouces. Mais si sous l'Equateur le Barométre est presque stationnaire, tandis que vers les póles il éprouve des variations infinies, il devroit en être à peu-prés de même par rapport aux mouvements de l'électricité: et cependant, sous la Zóne torride, le flux et reflux du feu électrique se succédent d'heure en heure; tandis que l'atmosphére, par sa naturelle inertie, ne pouvant partager des mouvements si rapides, ni d'une part ni de l'autre, reste tranquille, pour ainsi dire, au milieu des orâges et des tempêtes. Dans ces régions aussi, les pluyes sont bien plus fréquentes et plus fortes : et l'on peut dire que là, plus qu'ailleurs, la pluye appelle la pluye, par la succession nécessaire et l'action simultanée de l'ascension de l'eau en vapeurs, ainsi que de l'électricité, et par le retour de ces deux fluides vers la terre, qui est leur reservoir commun. Ces exemples serviroient encore à expliquer, pourquoi les vents du Sud doivent correspondre, plus que les autres, à la raréfaction de l'air, et ceux du Nord à sa condensation : pourquoi les uns et les autres sont à la fois causes et effets des grandes variations électriques: pourquoi les premiers, comme plus surchargés de chaleur et d'humidité, vaporeuse ou dissoute, et par cela même aussi, plus surchargés d'électricité, donnent pourtant moins d'indices de cette dernière que les autres, surtout lorsque ceux-ci sont secs et point nuageux: enfin pourquoi dans certains mois de l'année, les variations électriques correspondent pour l'ordinaire à celles des aiguilles magnétiques, comme à celles des baromètres. Voici ce qu'ajoute a ce sujet M. *Giovene*. " *L'eccesso dell' elettricità atmosferica si trova ne' mesi Perielij sopra i mesi Afelij, corrispondere presso a poco e nella quasi medesima proporzione, che le agitazioni magnetiche negli stessi rispettivi mesi: co-*

ne similmente si trova la quasi stessa proporzione, sebbene inversa, come dev' essere, tra le altezze barometriche . . . in tanto maraviglioso accordo di resultati, ed in tanta convenienza di proporzioni, non è possibile non riconoscere una corrispondenza tra le pressioni del Mercurio, le aurore Boreali, le agitazioni Magnetiche, e l' elettricità atmosferica: cosicchè una e la stessa debba esser la causa produttrice di questi fenomeni, cioè il flusso del fluido elettrico da una sezione del globo nella incombente atmosfera. Non è però sistemata l' elettricità e le altezze barometriche per i mesi del Perielio e dell' Afelio, perchè io credessi potervi l' uno o l' altro aver per se stesso veruna influenza. Il Sole ci ha certamente influenza mediata o immediata, non perchè Perigeo o Apogeo, ma in quanto che vibrante i suoi raggi più o meno obliquamente. „

Du reste pour l' intelligence de quelques phoenoménes météorologiques, également dépendants, du moins en partie, de l' électricité, il faut observer avec M. *Read*, que les explosions aëriennes quelconques de ce fluide, ne proviennent point de courans qui se meuvent dans une direction déterminée et uniforme; mais toujours de deux courans opposés, qui se rencontrent et s' unissent avec violence dans le point de leur concours; lequel point se retrouvant dans un milieu uniformément resistant, tel que l' air, est précisément situé entre et au milieu de deux corps d'où émanent ces deux courans. Dans chaque explosion d'un éclair (excepté celui qui a lieu à de grandes hauteurs de l'atmosphére, d'une nuée à l'autre) la terre fournit une moitié du fluide, et l'autre moitié vient de la nüe, ou des vapeurs condensées. Telle est la théorie. Une portion déterminée de la surface de la terre est souvent sensiblement électrisée: au-dessus d'elle, il y a toujours une quantité proportionnée d'électricité contraire dans l'atmosphére. Lorsqu'une nuée électrique est poussée par le vent, une égale et contraire quantité de fluide la suit sur la surface de la terre, jusqu'à ce que les deux charges, devenues plus pèsantes ou plus voisines, ou à portée de quelqu'éminence conductrice, se choquent et produisent une explosion.

De cette théorie il suit, que l'électricité négative et la positive ne sont que le même fluide, diversement modifié, ou plutôt diversement dosé et impulsioné. La négative, aulieu d'être un vide, ou une privation de ce fluide, en est seulement une quantité moindre, que celle contenue par tel corps ou tel milieu, dans son état naturel et non troublé. Elle est donc également réele que la positive, et également propre à suivre sa direction à travers tout milieu résistant, pour rencontrer la positive. Ainsi tel dégré d'électricité est négatif par rapport à tel autre, positif à l'égard d'un troisième plus foible. Ainsi un

corps électrisé négativement, peut l'étre plus qu'
un autre qui l'est positivement. C'est ainsi encore que dans le sein de l'air, les atmosphéres
électriques, soit positives, soit négatives, ne doivent être considérées que comme cette portion
d'électricité, qui naturellement réside dans les vapeurs et dans l'humidité suspendue dans l'air,
dont sont environnés les corps électriques. Cette même définition peut également s'appliquer
aux atmosphéres d'électricité souterraine, c'est-
à-dire, aux congestions de ce fluide, opérées par
les mines, les mètaux, les courans d'eau et ceux
de tous les fluides aëriformes et ignescens; congestions dispersées ou reproduites à mesure, par
les divers milieux, plus ou moins conducteurs
de ce fluide électrique, selon leur nature plus
ou moins défèrente et cohibente. Enfin dans le
sein de l'air, comme dans celui de la terre, les
versements, les écoulements de ces congestions,
ou de ces atmosphéres électriques d'un corps,
d'un milieu, ou d'une région, sur l'autre, re-
présentent ce qu'on appelle les effluences et af-
fluences d'électricité; et dans tous ces cas s'éxercent ces forces que l'on appelle aussi les attractions et les répulsions de ce fluide.

C'est avec ces notions élémentaires, qu'il
faut chercher à expliquer les grands événements,
qui se passent dans l'atmosphére, en les comparant aux petits effets locaux, qui se passent

sous nos yeux, à la surface de la terre. Les uns et les autres ont une cause commune, et cette cause opére en raison de son étendue, de son intensité et de sa durée. Mais partout et toujours elle manifeste la rapidité et la communicabilité de son action; et à ces caractéres de force et de velocité, on reconnoit partout l'existence et la mobilité d'un agent pénétrant, subtile et incoërcible: on reconnoit aussi ses qualités explosives, expansives et fulminantes, qui sont autres que celles du feu et de la lumière. On reconnoit enfin ce protée de la nature, dont tout annonce l'être composé, se reproduisant et se décomposant sans cesse, tant dans les régions souterraines, que dans celles de l'air; ce fluide, dont l'état aggrégatif change sans cesse, en raison des corps et des milieux, qui sont doués des qualités déférentes ou cohibentes; en raison de sa tendance tantôt à s'équilibrer, tantôt à se condenser, selon la nature et la température de ces milieux et de ces corps; en raison enfin du mouvement de fluctuation ou d'oscillation générale qu'éprouve ce fluide, c'est à dire, de cet état successif de flux et de reflux, ou de marées alternatives, qui paroissent être dans l'atmosphére, comme dans les mers, le type universel et invariable de la nature; type au quel est subordonné lui-même ce fluide électrique, par ses rapports intimes et ses affinités relatives, avec les masses d'eau et d'air, ainsi qu'avec les autres fluides plus subtiles, ceux de la lumière et du feu.

Ainsi dans ces mouvements divers, dans ces changements perpétuels de l'électricité, terrestre et atmosphérique, il ne faut pas confondre les transports et les écoulements particuliers de ce fluide, d'un milieu à l'autre, d'un espace circonscrit, non plus que ses grands versements irréguliers et accidentels d'une région sur l'autre, avec les marées électriques, générales et réguliéres; marées qui pourtant sont différentes dans les régions diverses de la terre et de l'atmosphére, ainsi que le sont les marées d'eaux, avec lesquelles sans doute elles ont des rapports intimes, comme celles-ci en ont avec le cours du Soleil et de la Lune. Ainsi, comme dans le sein des mers, les flux et les reflux, périodiques et réguliers, dépendants des effusions polaires, et subordonnés à la marche de ces deux corps Planétaires, se succédent ou se combinent avec les ouragans, et les orâges, et les tempétes marines; de même les marées aëriennes, dont l'origine premiére est dans les effusions Equatoriales, subordonnées à la force d'insolation et d'évaporation, qui s'y exerce, se succédent et se combinent avec les vents irréguliers, avec les ouragans et les tempêtes de l'atmosphère. Enfin si les marées périodiques de l'électricité aërienne, sont explicables par les raréfactions et les condensations reguliéres et alternatives de l'air, subordonnées elles-mêmes à l'action du soleil, et toujours concordantes aux oscillations barométriques, comme on l'a dit cy-dessus, ce même fluide par ses déplacements irréguliers, par ses congestions et ses éruptions fugitives, servira aussi à expliquer les désordres passagers, les météores variables, qui se produisent sous nos yeux, entre la terre et l'atmosphère.

C'est donc dans l'observation des grands et petits mouvements de cet agent universel, qu'il faut chercher la cause d'une foule de résultats terrestres, et d'événements atmosphériques ; soit restreints à quelques trajets ; soit étendus à de grands segmens de ces deux régions : événements et résultats dont il seroit impossible de rendre compte, sans l'intervention de cet agent général et tout puissant, également reparti à ces mêmes régions, et toujours subordonné à l'influence des causes cosmiques, bien que sans cesse modifié par celle des causes terrestres.

Les Météorologistes se fondent particuliérement sur l'étude de celles-là pour prédire les révolutions de l'atmosphère, relativement à la production des météores et des intempéries ; et les Médecins s'en tiennent principalement à l'observation de celles-ci, lorsqu'il s'agit de prévoir ou de juger les constitutions atmosphériques, par rapport à la production des maladies. Mais les uns et les autres ont également besoin de reconnoître le concours de ces deux ordres de causes, et sont également embarrassés par la complication de leur influence respective. Les premiers mettant, pour ainsi dire, à part l'influence, peut-être très rèelle, mais presqu'inconnue sur notre atmosphère, des planétes autres que le Soleil et la Lune, l'un agissant par son énorme masse, l'autre par sa proximité, considérent cette action sous deux rapports différents, qui constituent les deux sortes de marées que l'on admet dans l'atmosphère. Ils considérent les effets en quelque sorte mécaniques de la gravitation et de la pression d'une part; et de l'autre les effets phisiques de raréfaction et de condensation, qu'ils produisent comme corps lumineux et échauffants: effets auxquels il faut ajouter encore ceux qui résultent des mixtions nouvelles, que déterminent ces substances, calorique et lumineuse, versées dans le sein de l'air. Or tous ces effets, et notament les derniers, se combinent perpétuellement avec ceux qui appartiennent à la terre elle-même.

Celle-ci, par les fermentations et les vaporisations de son grand corps, inonde l'atmosphère d'exhalaisons et de fluides gâzeux. Elle imprime à cette masse de vapeurs, d'air et de feu, qu'elle renouvelle, qu'elle èchauffe, et qu'elle remue sans cesse, des mouvements de ventilation irreguliére, qui deviennent, à leur tours, les promoteurs et les régulateurs de tout le sistème métèorologique. Cette action terrestre, plus variée, plus immédiate, sur notre atmosphère, que celle des causes cosmiques, auxquelles pourtant elle est, à d'autres égards, subordonnée, suffit pour rendre incertains tous les calculs sur les mutations pèriodiques des temps; pour rendre douteuses toutes les prédictions sur les vicissitudes et les intempèries stagionnaires, dans les diverses ré-gions de l'atmosphère. Mais quelque puissante, quelque diversifiée, quelque continuelle, que soit cette action exhalante, fermentative et ventilatoi-re de la terre, on la voit néanmoins, jusqu'à un certain point, assujettie aux rèvolutions Cé-lestes, au moins pour ce qui concerne l'ordre et la succession des grands résultats de la phisique atmosphèrique. Elle n'empêche pas le soleil de ramener réguliérement les saisons, conformément aux régions du Glôbe, aux dégrès pôlaires etc. Elle n'empêche pas la Lune de régler les flux et reflux de la mer, ainsi que les vents pèriodiques de la Zône torride, et dans bien des lieux, une foule d'autres métèores, non moins réguliers, pour qui sçait les observer.

Ainsi, tout en reconnoissant l'incertitude et la variabilité des événements météorologiques, depen-dans de l'influence terrestre; événements, dont la plûpart sont eux-mêmes influencés par les causes cosmiques universelles, en même temps qu'ils sont modifiés par des causes locales et accidentelles, on n'en a pas moins cherché, à travers cet ensemble de causes, cette confusion d'effets, dèrivés et secondaires, à reconnoître quelqu'ordre circulaire, quelque correspondance pèriodique avec les mouvements réguliers, avec les positions respectives et successives des deux corps Planétaires, dont l'action est la plus marquée, et la mieux observée sur notre glóbe: action qui tantôt simple, tantôt composée, et d'autrefois, peut-être, soupçonnée d'être corrélative à celle d'autres Planétes, produit sur notre atmosphère des résultats météoriques fort différents. C'est précisément ce concours d'actions diverses, qui a obligé les observateurs, sistématiques en météorologie, de multiplier les pèriodes, pour en faire autant de Cicles ou de cercles, afin de les adapter aux vicissitudes des temps et des saisons, d'époques en époques. On les a fondés, d'une part, sur la correspondance des faits météorologiques les plus ordinaires, dans chaque époque stagionaire, d'année en année; et d'autre part, on a cherché à les expliquer par des raisons phisiques, ou par des observations astronomiques.

Parmi ces pèriodes, dont nous ne voulons faire ici qu'une simple énumèration, d'aprés M. *Toaldo*, il en est de courtes et de longues, de simples et de composées. Les deux plus courtes sont celle de 4 et de 8 ans, déjà observées du temps de *Pline*. On sçait que de 4 en 4 ans reviennent les Absides da la lune, c'est à dire, son plus grand éloignement et rapprochement de la Terre; et ces époques coïncident avec les signes Equinoxiaux et Solstitiaux, qui sont les sîtes les plus propres à favoriser la plus grande impression de la Lune sur la Terre, ainsi que sur l'atmosphére; ce qui d'ailleurs est conforme aux changements des marées. La pèriode de 8 ans est fondée aussi sur la correspondance des marées, avec les qualités dominantes des saisons. La troisiéme période est celle des 9 années: c'est la mieux reconnue. Elle correspond à l'Apogée lunaire, qui est en effet un point de la plus grande importance. C'est elle qui présente la plus grande conformité dans le retour des saisons entr'elles, et dans la correspondance de celles-ci avec les marées. On a proposé ensuite des périodes plus longues, des pèriodes composées, de 18, 19, et 37 ans. Toutes sont fondées sur des faits météorologiques, et sur des observations astronomiques. Des recherches ultérieures prouveront laquelle des trois derniéres époques sera la plus juste, la plus exacte, par la ressemblance des résultats météorologiques, aux époques correspondantes: mais en réunissant les deux cycles 18 et 19, pour composer le troisiéme de 37, on combineroit les jours et les mois des influences lunaires avec les solaires: ce qui paroit être plus dans la nature.

Au surplus tout en admettant la verité du

sistême circulaire ou curviligne génèral, observable tant dans les mouvements, que dans les formes des corps planétaires, et sublunaires, tant
dans les phénomenes phisiques, que dans les événements météorologiques; tout en admettant que
ce sistême rèvolutionnaire, ou des récurrences périodiques, est conforme à l'économie universelle de la nature, dont on reconnoit les preuves
par les effets mémes, et dont les causes sont jusqu'à un certain point explicables par des analogies, on ne prétend pas nèanmoins fonder sur
les récurrences ciclaires, sur les périodes lunaires et solaires, les retours exacts et réguliers des
saisons, des temps et des météores. Et comment
cela pourroit-il étre dans une telle complication
d'éléments divers, et au milieu de tant de causes accessoires, qui concourent à la fois à les produire et à les modifier.

Mais il y auroit ici à résoudre une autre
question trés importante de météorologie médicale. Sçavoir si le Soleil, étant le premier mobile, le supréme régulateur des marées atmosphériques, de chaleur ou de raréfaction (comme la
Lune par sa pression à l'égard du flux et reflux de la mer); sçavoir, si ces marées aëriennes ètant toujours correspondantes aux flux et
reflux de l'électricité, ainsi qu'aux oscillations
Barométriques, de maniére à ce qu'à la raréfaction
de l'air corresponde la condensation du fluide

électrique, et réciproquement; sçavoir, dis-je, si ces marées d'électricité aërienne, comme telles, ont quelqu'influence secrete sur la composition de l'air, comme élèment de la respiration, et comme principe de maladies; sçavoir enfin, si entre l'Electricisme et le Méphitisme de l'atmosphére, il y a quelque rapport phisique et chimique: et dans ce cas, il s'agiroit de rechercher si c'est au flux ou au reflux de l'électricitè, que correspondent les accroîssements ou les décroîssements du méphitisme, dans les époques des marées mensuelles et stagionnaires, ou bien des marées Equinoxiales et Solstitiales. Il s'agiroit aussi de sçavoir, si la plus forte influence du méphitisme, si ses effets les plus rapides, souvent combinés avec ceux des intempéries variables, s'exercent plus dans les temps du flux ou du reflux des marées électriques, diurnes ou semidiurnes, c'est à dire durant le *maximum* ou le *minimum* de l'électricité, ou bien dans les intervalles stationnaires et d'équilibration de ce fluide expansif.

Si dans la production d'autres phoenoménes atmosphériques, moins constants et moins réguliers, que les marées aëriennes, on voit manifestement l'influence directe de l'électricité, sur les qualités et la composition de l'air respirable, on est bien fondé à croire aussi que cette influence peut avoir quelque part sur les dégrés et les progrés du méphitisme. Voyez par exemple ces exhalaisons fortes et subtiles, qui, aux approches ou aux époques mémes de certaines révolutions atmosphériques, s'échapent de certains puits, des fosses, des cloaques, des latrines etc. Voyez ces émanations pétroliques, sulfureuses, hépatiques, ou autres gâzeuses, qui se dégagent à ces mémes époques, des régions des mines, des sources minérales etc. . . . . Et de ces mêmes régions voyez s'élever aussi, en peu d'instants, ces petits nuâges subtils, ces espéces de *fumarols*, qui bientôt aprés se reunissant et se condensant, à une certaine hauteur dans l'atmosphére, y forment un petit orage, avec éclair et tonnére, et éclatent en pluie ou en gréle. Voyez encore, dans le même genre, un exemple trés fréquent de la formation et de l'éclat du tonnére, à peu de hauteur dans l'air, au terme fixe de 5 à 6 minutes, aprés que la pluie a commencé à tomber, à l'occasion d'un nuage qui n'avoit aucune apparence d'un nuage orageux. Ne semble - t - il pas que, dans le cas des fumarols orâgeux, la matiere électrique s'étoit élevée avec l'eau reduite en vapeurs; et que dans ce dernier cas d'un nuage éclatant, aprés quelques minutes de pluie, c'est cette derniére qui a servi de conducteur pour porter cette même matiére de la terre dans la nüe? Combien d'ailleurs n'a-t-on pas d'exemples de ces foudres ascendantes? et combien aussi des ascendantes et descendantes à la fois, sous la forme de deux colonnes de feu opposées, ou se rencontrant en direction contraire?

A cet ordre de phénoménes particuliers et circonscrits, appartiennent encore, bien qu'occupant un plus grand espace dans l'atmosphè-re, ces bouffées de chaleur, ou ces vents tiédes, qui souvent, en hyver, font descendre les baromé-tres, dans les lieux seulement où ce changement subit de température se fait sentir, et devient as-sez souvent le signe précurseur, ou d'une peti-te pluie, ou de la neige locale, ou d'un brouil-lard épais. Combien de faits analogues aux précé-dents ne voit-on pas, comme avant-coureurs des tempêtes, des ouragans, des tremblements de ter-re, des éruptions volcaniques etc.? Les pluies, les brouillards extraordinaires, tant par leur éten-due, que par leur durée et leur intensité, sont toujours aussi précédés de ces mêmes symptô-mes, sçavoir des exhalaisons de telle ou telle sorte, des altérations sensibles dans l'atmosphé-re, des désordres ou des variations extrêmes dans les instruments météorologiques etc. . . . A ces phoenoménes encore, grands et petits, réunissez comme congénéres ou analogues, les vents im-pétueux, dans quelques circonstances, les tem-pêtes et les ouragans de mer, comparables en tout, à ce qui se passe dans l'atmosphére, à l'oc-casion de la conjonction de plusieurs nuées, qui se combattent et se réunissent, avec production de tourbillons venteux, de grêle, de foudre etc. Tous ces phoenoménes, dis-je, dépendent de la même cause, différente seulement à raison de son étendue, de son intensité, ainsi que de la résistance des milieux où elle s'exerce: et cette cause est constamment la matiére électrique, qui, par ses effusions, ses congestions, ses décharges, ses explosions, donne origine à des fluides gâzeux ou aëriformes, plus ou moins expansibles et combustibles: fluides qui d'ailleurs sont les résultats ordinaires de la réaction de cet agent électrique sur l'eau, dont l'aërification n'est plus un problême.

J'oserois presque mettre au nombre des phoenoménes aëreo-électriques certains vents, ou plutôt certains météores venteux, suffocans, orâgeux ou tourbilloneux, trés passagers, et particuliérement observables dans les régions du Levant et du Midi. J'observe que plusieurs des effets sur l'oeconomie animale, des marées de chaleur extrême, dans les plaines, sont analogues à ceux que produit sur les hautes montagnes, le froid extrême: c'est de part et d'autre une grande raréfaction du fluide aërien. Dans les pays chauds, cette raréfaction et la chaleur sont quelquefois portées au point de produire des vents brulants et suffocans, capables de donner la mort subite à ceux qui s'y exposent, comme cela arrive aussi dans les pays froids, durant les hauts vents du Nord. En 1793, durant les fortes chaleurs des dix premiers jours de Juillet, je vis périr suffoqués sur le sol même, 25 ou 30 moissonneurs, dans l'espace de quelques milles de la Lombardie Venitienne. Aprés le régne de ces vents brulans, espéces de *Solani*, on observe quelquefois que les courans souflent à la fois des deux côtès, vers le point de la plus grande raréfaction de l'atmosphére: ce qui produit des bourasques ou des ouragans locaux, par la rencontre des courans et des exhalaisons, qui se portent vers ce même point. Mais ensuite les mêmes courrans refluent de ce centre vers tous les points de la circonférence, jusqu'à ce que l'équilibre soit rétabli.

Mais un autre météore venteux, infiniment plus dangereux encore, est celui que les Turcs appellent *Samyel* et les Arabes *Samum*, pour exprimer sa qualité vénèneuse. Ce vent régne dans quelques parties de l'Asie, et principalement dans le desert qui s'étend entre Bassora, Bagdad, Alep et la Mecque; comme aussi dans l'Arabie Pétrée, le long des côtes du Golfe Persique; d'où il pénétre souvent jusque dans les Indes, jusqu'à Suratte etc. Il est plus rare dans l'Arabie heureuse et plus encore dans la Palestine, par la raison du rafraichissement, que produit dans ce dernier pays, un vent frais et salubre du Couchant, qui arrive de la mer. L'Egypte en est exempte, bien que voisine à l'Arabie et à la Palestine, attendu que les fameux vents chauds, qui y soufflent et qui sont appellés *Champsiri*, sont toute autre chose que le vent *Samyel*. Ce dernier a un période et ne soufle que dans les mois de Juin, Juillet et Août. Il règne rarement la nuit, mais presque toujours dans le plein du jour. Il n'est point funeste sur l'eau, soit sur mer, soit sur les riviéres ou les lacs: mais il tue à l'instant ceux qui en sont surpris sur terre. On peut l'éviter, parcequ'il est toujours annoncé par quelque signe précurseur. D'abord le ciel est rouge à la partie d'ou il va souffler: l'air ensuite se met en mouvement, et fait entendre de loin un bruit violent, qui le précéde immédiatement. Quelques voyageurs disent l'avoir vû accompagnè de stries ou aigrettes de flamme, semblables à des cheveux; et ils ajoutent que quiconque en respire quelque peu, meurt infailliblement. Ce vent chemine en maniére de tourbillon, et ne dure pas plus d'un quart d'heure. On se preserve de ses impressions funestes, en s'enveloppant la tête d'une étoffe, en se jettant à la terre, les pieds tournés au cours du vent, et la bouche enfoncée dans la poussiére, afin de ne rien respirer de cette terrible moféte, dont les moindres doses, suffisent pour suspendre le jeu des poumons. Mais quelquefois même ces précautions ne suffisent pas pour s'en préserver, et l'on a vu périr à la fois plusieurs miliers des malheureux habitans de ces pays.

L'action de cette espéce de moféte suffocante est tres rapide; car à peine ceux qui en sont frappés, ont ils le temps de dire, qu'ils se sentent consumés d'un feu interne très violent. Leurs viscéres sont incessamment brulés, et ils meurent ayant la bouche en convulsion, tant est grande la douleur qu'ils éprouvent. Ils ont souvent des hémoragies et finissent comme des frénétiques. Leurs corps se conserve chaud très longtemps et devient livide. C'est tout à la fois l'image de la mort des fulminés et des asphixiés.

Mais quel est le véritable élément, quel est le mécanisme d'une mort si rapide? Ce qui porteroit à croire qu'il tient en effet de la fulmination Electrique, c'est, selon quelques Écrivains, le peu d'effet que produit ce météore sur les animaux à poil, regardant ce dernier comme un préservatif; si ce n'est pourtant parcequ'ils ont un instinct particulier pour se préserver de ce peril. Cependant les chevaux et les chameaux, qui, à l'instant même où ce vent les frape, se jettent la tête en terre, n'en éprouvent d'autres effets que celui de trembler fortement, de suer abondamment, et d'être très affoiblis. Mais d'autres voyageurs disent que les animaux et les hommes sont également frapés et tués par ce météore. Quant aux végétaux, il paroit que, d'une part, ils sont une sorte de correctif contre les mauvais effets de ce vent sur les animaux, lorsqu'il traverse des parties qui sont recouvertes des premiers; mais que, d'un autre côté, ils en sont les victimes, étant desséchés, brulés, pulvérisés, comme on voit quelquefois qu'ils le sont par la Brine : (espéce de brouillard subtil, ou de Brûme glaciale, qu'on apelle gelée blanche). Dans ce dernier cas M. *Castelli* a attribué cet effet desséchant sur la végétation, à un jeu particulier d'électricité. Ce qui sembleroit encore confirmer cette idée, d'un météore électrique, sans fulguration ou au moins sans fulmination apparente, ce seroit la circonstance très remarquable, de voir cesser ou diminuer ses effets funestes, sur les masses ou sur les courans d'eau ; comme cela arrive aussi par l'interposition des végétaux, qui font également l'office de conducteurs par rapport à l'électricité. Mais d'autres raisons sembleroient, au contraire, devoir éloigner l'idée d'un agent proprement électrique, et suggèrer plutôt celle d'un agent méphitique aëriforme. Ce seroit sans doute le plus grand exemple connu, d'un méphitisme de nature suffocante, existant dans le sein de l'air. Ce seroit, pour ainsi dire, la grotte du chien, et toutes les grottes méphitiques de la terre, qui auroient versé à la fois leur moféte vénéneuse dans l'atmosphére de ces régions brulantes. Mais de quelle nature seroit ce poison aërien, si subtil et si actif, répandu soudainement sur un aussi grand espace?

Tout porteroit à croire qu'il est de l'espéce des gâz inflammables, et même qu'il est dans l'état d'un gâz enflammé: ce seroit en quelque sorte une flamme legére et vaporeuse, delayée dans l'air atmosphérique même, dont elle détruiroit momentanément la qualité respirable. Mais d'un autre côté, on ne peut expliquer une telle action par l'excés de chaleur ou de calorique, existant libre dan, un vaste segment d'air, puisque la chaleur artificielle, portée presqu'aussi subitement à un dégré supérieur, dans les étúves et dans les fours, ne produit point sur les hommes et les animaux qui y sont exposés, des effets aussi rapidement funestes. D'ailleurs les effets du *Samyel* n'ayant pas lieu pour ceux qui se trouvent placés sur les masses d'eau, que traverse ce tourbillon venteux, on ne peut guères les attribuer à ce que, dans l'aggrégation aërienne de ce météore, il entre une surabondance de feu ou de calorique; pas plus qu'une surabondance de gâz méfitiques ordinaires. Cette même circonstance empêche aussi de croire, que l'action suffocante de cette colonne d'air, si rapide dans son impulsion, si brulante par ses qualités, soit düe à ce qu'il s'opère une sorte de vide d'air respirable, partout où elle passe, à raison de la raréfaction qu'elle y porte: raréfaction comparable, au dégré prés, à celle que produit le grand Sciroc dans certains cas. Enfin de quelque maniére que l'on envisage ce redoutable météore atmosphérique, on ne peut, faute d'une analise plus exacte, et d'observations plus précises, en fixer la véritable composition. Mais en supposant même qu'il exerce une action composée, tenant à la fois de celle de la foudre, et de celle des mofétes inflammables, il paroit cependant que sa nature est plus électrique que méphitique. Il paroit être à la foudre proprement ditte, ce qu'est le puits électrique à la bouteille de Leyde: il paroit être à une véritable moféte, ce qu'est à un volcan embrasé, le mélange volcanique artificiel de *Lemery*.

Quoiqu'il en soit, après avoir parcouru dans ce qui précéde, la serie des phoenoménes, petits ou grands, qui sont réputés plus ou moins Hydro-Èlectriques ou Aëro-Èlectriques, et qui, aux aproches ou aux époques des changements de temps, se manifestent dans l'atmosphére, et à la surface de la terre: après avoir fait voir que depuis l'exhalaison momentanée d'un cloaque ou d'une fosse, jusqu'au bouillonnement orágeux d'un lac ou de la mer; que depuis le murmure ou le gonflement à peine perceptible d'un puits intermittent ou périodique; depuis l'éruption passagére d'une source prophètique d'eau ou d'air, jusqu'à l'état foudroyant d'un oráge ou d'un volcan ; que depuis la tièdeur locale et circons-crite de l'atmosphére, aux aproches de la neige ou d'un brouillard, jusqu'à l'embrasement des vastes régions que parcourt le vent *Samyel* etc.: que tous ces phoenoménes, dis-je, étant précur-seurs ou contemporanés d'autres phoenoménes plus décidement électriques, ils sont très proba-blement aussi du même ordre. Il nous reste en-core à dire un mot de quelques symptômes, de quelques affections, propres à l'organisation ani-male, et qui selon toutes les analogies les plus vraisemblables, dérivent de la même cause. On veut parler ici de ces changements imprévus et subits, qui se produisent spontanément chez les animaux et chez les hommes, aux aproches ou aux époques de certaines révolutions de l'atmos-phére, lors même qu'elles sont encore impercep-tibles aux instruments météorologiques ; chan-gements qui sont toujours bien plus observables chez les personnes sensibles, irritables et maladi-ves, chez les convalescentes, que chez les autres. Ils se manifestent par des altérations dans le pouls, par un trouble dans les digestions, un flux ex-traordinaire d'urines, un sentiment de malaise ou d'anxiété, par la pénurie ou l'exaltation des fa-cultés phisiques ou intellectuelles etc. etc.

L'expérience aprend que la température de l'air, changée par des orages, a de mauvais ef-fets dans les maladies, qui sont accompagnées d'une corruption d'humeurs. Le Tonnere et les éclairs seuls, sont nuisibles pour certains malades, tels que ceux de la petite verole etc. Les chairs même des animaux morts, se corrompent alors avec une grande rapidité; et quelquefois cette corruption, dans les vivants attaqués de maladies fébriles, fait encore plus de progrés. Seroit-il vrai que le fluide électrique, lorsqu'il est plus dévelopé, plus éparpillé ou plus fondu dans le sein de l'air, est un agent de corruption; comme il en est un de suffocation, de paralisation, de combustion et d'extinction subite, lorsqu'il est plus concentré, plus isolé ou plus détaché des autres éléments? Mais qu'elle est la différence de sa manière d'agir dans tous ces cas? C'est ce qu'on ignore.

Ce qu'on sçait cependant, c'est qu'en général les temps humides, vaporeux, affoiblissent singuliérement le corps humain; surtout lorsque l'humidité est sans froid, et plus encore lorsque prédominent les vents du Sud-Est et du Sud-Ouest. Alors, c'est à dire, dans les constitutions australes, plus spécialement consacrées au régne des maux corruptifs, on observe, comme dans le cours des marées atmosphériques, qu'à mesure que les baromêtres baissent, les Electromêtres s'élévent. Mais on observe, à tous ces égards, le contraire dans les constitutions boréales, que l'on sçait être plus particuliérement propres aux maladies fluxionnaires et catharrales, aux Rhumatiques et inflammatoires. Dans le premier cas, l'électricité paroit être plus vaporeuse, plus pénétrante, et agir sur les corps vivants à la manière des méfites, par une insensible et abondante absorbtion. Dans le second cas, son aggrégation semble étre plus cumulée, plus condensée, plus séche; et son action, plus approchante de celle de certains aggrégats météoriques occultes, paroit aussi plus analogue à celle des météores intempérés, secs et froids. (voyez *articles suplementaires* N.º 2-4). Mais, quoiqu'il en soit, ce fluide éxistant en nature, et circulant dans l'atmosphére, ne peut manquer d'agir sur la composition intime de l'air, comme il agit sur ses météores et sur ses intempéries : et cette action, quelque soit son état de déplacement et d'aggrégation, est tout à fait distincte de celle de la lumiére et du calorique libres, avec lesquels pourtant il a de grandes affinités. On a supposé méme, qu'il a la propriété de dégager ces deux derniers fluides, ainsi que l'oxigéne, de quelqu'uns des corps qui les contiennent, par exemple, des eaux thermales et des eaux communes, courantes, des végetaux etc. On a supposé aussi, que la lumiére elle-méme opere ces dégagements dans plusieurs circonstances : et cela a fait croire, que la lumiére, le calorique et l'oxigéne, pouvoient être les éléments constitutifs de l'électricité, regardant celle-ci comme la lumiére oxigénée, ou comme l'oxigéne thermo-fossigéné etc. etc.

Mais en laissant à part, et reservant pour un autre endroit, ces conjectures, et d'autres plus probables, sur la composition du fluide électrique, nous ajoutons seulement ici, qu'il n'est pas besoin de citer les autorités des *Mussembroeck*, des *Barletti*, des *Heibert*, des *Tissot*, des *Bertholon* etc, pour prouver, sur le corps humain, les influences diverses de l'électricité, tant artificielle, que terrestre et atmosphérique. L'homme placé au milieu du jeu continuel de cette immense machine, dont il fait lui-méme partie, ne 'peut rester indifférent à ce flux et reflux d'un fluide perpètuellement en mouvement. On n'a cependant que des observations génèrales sur cet objet, et l'on sçait, entr'autres, que les personnes sensibles sont affectées longtemps avant les oráges; que quelqu'unes méme sont dans un état violent: et dans ces altèrations pénibles, on reconnoit aisément l'effet des atmosphères électriques, si bien observé par M *Mahon*, et soumis par lui à des calculs si précis, à des expériences si démonstratives; expériences auxquelles il faut ajouter les observations non moins importantes de M. *Mauduyt*. Qu'on se représente le corps humain, composé de parties trés dissimilaires, et d'élémeats trés hétèrogénes, tout ce qui arrive aux corps isolés de M. *Mahon*, et au glóbe électrisé

140

de M. *Mauduyt*: l'on aura toute la théorie possible, de l'influence inévitable et incontestable
de l'eletricité atmosphèrique sur nos corps. L'on
aura aussi, par les mêmes principes, les mêmes
raisons et les mêmes conséquences, toute la dé-
monstration possible de l'action, non moins énergique, mais plus rare, de l'électricité souterraine. Enfin si les autres ingrédiens de l'atmosphère font des effets nuisibles en certains cas, nonobstant l'habitude d'y être soumis, à plus forte
raison cela sera de l'ingrèdient électrique, dont
les variations, sans doute, sont plus promptes,
plus fortes et plus diversifiées, que celles des méfites et des intempèries atmosphèriques. Mais qui
pourra jamais discerner les effets électriques, des
effets méphitiques, sur l'oeconomie animale; d'autant plus qu'il est tant de cas, tant d'exemples,
où cette double action est combinée? Aprés avoir
terminé ce qui concerne l'Electricisme de l'atmosphère, nous allons passer à l'éxamen plus
particulier de son méphitisme, à celui de ses effets, de ses variètés, et des signes auxquels on le
reconnoit.

DEUXIÉME PARAGRAPHE

Mèphitisme de l'air.

Parmi les diffèrents caractères analïtiques, propres à distinguer les altèrations de l'atmosphère vitié, tant dans sa composition, que par ses intempèries, nous avons cité les génèrations spontanées de quelques insectes ou reptiles, et celle de quelques substances salines. Il est connu que certaines espéces d'animaux ne se plaisent et ne pullulent que dans les lieux a mauvais air. On voit des essains d'insectes voltigeants autour des marais, et des légions de reptiles dans leur sein. Il en est de même de certains végétaux. Mais ní ceux-ci, ni ceux-la, ne sont les mémes dans le voisinage des marais salans et des marais d'eau douce; des marais sub-aqués et des marais terraqués. Ils ne sont pas plus les uns que les autres, dans ces divers foyers méfitiques, les progénitures vraies de la corruption. C'est une erreur de croire que celle-ci soit par elle-même génèratrice des êtres organiques ; elle ne fait que prèparer les éléments propres, et les conditions favorables, à ces génèrations. Si l'on expliquoit pourquoi l'existence de tels animaux tient à ces éléments, nès de la corruption et corrupteurs eux mémes; com-

142

ment telles circonstances de chaleur, d'humidi‑
té, de ventilation ou de stagnation, dans l'atmos‑
phère, favorisent ces génèrations diverses, et sou‑
vent instantanées, on auroit fait un grand pas
pour expliquer l'influence dèlètère de ces mê‑
mes èlèments et de ces mêmes conditions, dans la
production des maladies fébriles, putrides et pesti‑
lentielles ; maladies qui quoiqu' engendrées par
des causes analogues, menacent bien plus l'espè‑
ce humaine, que les autres espéces d'animaux,
et cela par des raisons déduites ailleurs.

Mais le môde de ces génèrations n'est guè‑
res plus connu, dans un cas que dans l'autre, et
c'est également un secret de sçavoir, comment
des mofétes putréfactives, sont propres a faire nai‑
tre et a vivifier certains animaux ; tandis qu'el‑
les empoisonnent et font mourir les autres. On
a penétré un peu plus avant dans le secret de
la génèration de certaines substances salines ; gé‑
nèration dont le mécanisme, tenant de plus prés
à celui des opèrations de l'art, que celui de l'or‑
ganisation animale, qui se régénère ou se détruit,
pourroit peut‑être servir à éclairer ce dernier. Par‑
mi les sels qui se forment de la décomposition
putrèfactive des corps organiques, on distingue
surtout le nitre, l'ammoniac et le *natrum*. A ceux‑
là, qui sont les plus communs, se joignent, dans
d'autres circonstances, le sel marin ordinaire et
les sels ammoniacaux, nitreux ou muriatiques.

Ainsi voila donc trois sortes d'Alkalis et deux espéces d'Acides, auxquels donnent naissance les gâz méphitiques, qui résultent des substances organiques, livrées à leur décomposition spontanée; décomposition qui s'opérant de différentes maniéres, et dans des circonstances diverses, donne aussi des gâz et des sels différents. Quant aux sels vitrioliques de toute sorte, ils appartiennent plus particuliérement à la région des fossiles; et les fluides gâzeux qui servent à leur composition, différent à plusieurs égards, comme on l'a déjà dit cy-dessus, des mofétes animales et végétales. Mais il n'en est pas moins vrai que ce qui sert à la génération des gâz, dans ces deux ordres de corps naturels, sert aussi à la génération de leurs sels respectifs, comme on le verra cy-aprés.

On ne parle pas ici des lieux fermés et circonscrits, tels que les habitations domestiques, les tombeaux, les latrines et les cloâques de toute espéce. L'on voit souvent s'y former pêle-et-mêle, la plupart des différents sels cy-dessus, selon que ces foyers de fermentation et d'exhalaisons putrides, sont infectés des telles ou telles mofétes, et abrités de l'air commun. Bien que ce ne soit là que des espéces de laboratoires particuliers, où se font en quelque sorte des épreuves en petit, on peut cependant en tirer des conséquences assez exactes, pour ce qui se passe en grand dans le champ libre de l'atmosphére, ou dans l'atmosphére de telle ou telle région.

Hyppocrate, à qui peu de choses ont échapé, en matiére d'observations relatives à la santé, avoit déjà remarqué que les lieux où se forme le nitre, soit à la superficie, soit à quelque profondeur dans les terres, ont pour l'ordinaire des eaux insalubres, et, selon lui, ces derniéres sont presque toujours l'indice de l'air malsain. On ne sçait pas à la vérité de quel nitre veut parler *Hyppocrate* : car de son temps, et même longtemps aprés lui, on confondoit encore le vrai nitre et le *Natron*. Mais il est certain que ces deux sels, dans les lieux favorables à leur production, tels que les pays chauds et méphitisés, comme partie de la Gréce, de l'Egypte, et de l'Afrique, se trouvent souvent réunis sur les mêmes terres, ou dans des terres et des expositions, peu distantes les unes des autres. La même chose s'observe dans beaucoup d'endroits de la Hongrie. L'on y fait cette double récolte de sels sur les mêmes terreins, ou sur des terreins trés voisins, et en apparence de nature semblable. En général ceux qui étant un peu, mais trés peu enfoncés, sont alternativement remplis d'eau pluviale stagnante, et desséchés par l'évaporation forte du soleil, sont surtout préférables pour ce genre de culture. Il ne s'y forme point, ou ne s'y forme que trés peu de sel marin : tandis que ce dernier sel, tantôt à base de soude, tantôt de Potasse, surabonde dans d'autres pays et d'autres situations, avec le nitre et le *Natron*. Enfin l'on voit souvent ces deux derniers sels effleurir ensemble, ou alternativement, dans les habitations domestiques, tantôt a l'intérieur des murailles, ou bien sur les pavés et les *terrasses*; et cela indistinctement dans des lieux voisins ou éloignés de quelque littoral.

Cependant c'est une chose d'observation générale, que les pays maritimes, ceux sur les quels se portent les exhalaisons de la mer, sous tel ou tel vent, ceux surtout qui sont exposés aux émanations des marais salans, ou des marais mélangés d'eau douce et d'eau salée, paroissent bien plus favorables à la production du *Natron*; tandis que le vrai nitre prédomine, au contraire, dans les régions méditérranées et continentales, où se concentrent les exhalaisons putrides et méphitiques des marais d'eau douce, ou de quelqu'autre foyer de putréfaction. C'est principalement au pourtours des marais qui se desséchent, ainsi que dans les champs cultivés, bas et gras, aprés des pluies déjà évaporées, que l'on voit la formation du nitre trés abondante, surtout encore dans les régions et les saisons chaudes. Il est des cas néanmoins, où cette formation est portée au plus haut dégré d'abondance et de rapidité, dans les terres maigres et arides, sur des côtes maritimes, et à peu de distance des plâges; telles sont par exemple, les nitrières naturelles de la Pouille et de la Calabre, dont nous donnerons ailleurs l'histoire. Mais il faut remarquer que ces puissants foyers de nitrification, dans des pays qui ne sont pas exempts de mauvais air, et qui surabondent en humidité atmosphérique, sont situés dans des grottes et des cavernes profondes, abritées du grand soleil, ainsi que de toute ventilation directe. Ils sont par là, sous tous ces rapports, favorables à la stagnation et à la corruption de l'air, et ils se trouvent de plus environnés de terres spécialement propres à la formation du Salpêtre. Bien que situés dans le voisinage des exhalaisons de la mer, il ne s'y rencontre pas de *Natron*; mais on y trouve en abondance du sel marin, tant à base alkaline qu'à base calcaire.

Il est donc des circonstances accidentelles, des localités particuliéres, des expositions différentes, qui favorisent plus ou moins la génération de tel ou tel sel. C'est ainsi par exemple, que dans les pays où l'on cultive le nitre vulgaire et le *Natron* des anciens, toute la différence pour la production de ces deux sels, paroit consister dans l'état de l'atmosphére ambiant, dans les dégrés respectifs de l'humidité et de l'insolation, ainsi que dans la fermentation du sol, et le méphitisme qui s'en dégage. Du reste la manipulation est à peu-prés la même pour la récolte de ces deux sels, de la part del Salpétriers et des Savoniers qui les cultivent. Cette double culture se fait sur des aîres, dans des lieux bas et un peu humides, dont on remüe, retourne et ramasse les terres, dans la vüe de les rendre meûbles, pulvérulentes, et de multiplier ou renouveller leurs points de conctact avec l'air ambiant. C'est surtout aprés des pluies fréquentes, alternativement remplacées par une forte insolation, et une évaporation continue, que s'opére la fécondation de ces terres. Les vents du Nord qui succédent, sont plus favorables à la production du nitre, et ceux du Midi ou du Sciroc au *Natron*. Mais le temps de leur récolte n'est pas le même. Voici ce que dit a ce sujet le Professeur *Hattman*. " *Nitrum vulgare colligitur tempestate fervida, calida, sicca, nunquam tempore roscido, humido, aut mane, sed tempore sicco et quidem post meridiem. Cum contra hoc sal nitri Alkalinum colligitur tempore roscido, humido, summo mane…*,,. Si l'on attend que le Soleil du jour ait dardé ses rayons sur ces terres effleuries de Natron, alors on ne peut plus le recolter. Dans l'espace d'un jour sec et serein, par un bon vent du Nord, on voit sur un terrein, qui, à l'aube du jour, ne présente rien, se former une efflorescence abondante de nitre. Il en est de même dans les habitations domestiques, où l'on voit effleurir sur des murs, le Natron d'un côté, et le nitre de l'autre, selon qu'il est à l'exposition de tel ou tel vent.

ou bien à la même exposition, selon que l'air est sec et froid, chaud et humide. Enfin l'on ne peut douter que l'état de l'ambiant ne contribue, avec la nature des mofétes, à la génèration de ces différents sels.

Mais il est une autre condition qui paroit né-cessaire, sçavoir la présence d'une matrice terreu-se, appropriée à la fécondation respective de leurs germes élémentaires, ou plutôt à la fixation des gâz méphitiques qui entrent dans leur composi-tion. C'est ainsi qu'à la génèration du nitre, pa-roit servir la terre calcaire, et la terre magnésie à celle du Natron ou du Sel marin : et tout por-te à croire que, dans la décomposition des corps organiques, comme dans les émanations putres-scentes de ces corps vivants, il se dégage des flui-des gâzeux, qui servent à la composition des deux alkails, comme des deux acides. Ainsi la prée-xistence, bien qu'incontestable, du Natron et de la magnésie, dans les corps marins vivants et morts, ne suffit pas plus pour expliquer la génèration abondante, et perpétuelle de leur sels neutres respectifs, dans les bassins des mers, que ce qui concerne la formation du nitre alkalin ou calcaire, à la surface des terres. Il faut donc qu'il se for-me extemporanément, et de toutes piéces, des al-kalis de l'une et l'autre sorte, dans les deux cas. Mais si dans le dernier cas, en beaucoup de lieux, on voit se former le Natron et le Sel marin, il n'en est pas de même du nitre et de sa base alkaline, dans l'autre cas, c'est à dire, dans les lieux proprement maritimes : et cela suffit pour prouver qu'il y a quelque différence entre les méfites saliniféres ou salinifians de ces deux régions.

Les exhalaisons de la mer, aulieu d'être purement aqueuses, sont au contraire trés composées. Leur saveur acre et salée le prouve assez, ainsi que leur odeur particuliére, que l'on apelle bitumineuse, mais qui est plutôt fangeuse. Cette odeur de marée est beaucoup plus forte en certains temps, que dans d'autres, et surtout lorsque l'eau de la mer devient lumineuse ou phosforescente. On sçait que les brûmes de mer, et les rosées de la plâge, dèposent sur les herbes et sur les feuilles des arbres, du véritable sel marin ou muriate de soude. On sçait de même que le muriate de magnésie, qui se trouve aussi dans l'eau de la mer, est décomposé en partie par la distilation de cette eau, ainsi que par son évaporation au soleil fort. Mais par l'une et l'autre de ces opérations, il se dégage encore, de la même eau, et surtout si elle a éprouvé un commencement de putréfaction, une vapeur ammoniacale, qui provient de la matiére extractive animale, manifestement contenue dans cette eau ; matiére que l'on a regardée comme bitumineuse, mais qui paroit n'être qu'une partie intégrante

de la bituminisation. La présence de cette matiére grasse, provenant des débris des corps marins
organiques, est toujours plus abondante dans
l'eau salée, ou demi-salée, des lagunes et des hauts
fonds, que dans la pleine mer : elle doit être considerée comme une nouvelle cause de l'infection
de l'air, par l'évaporation des méfites de cette
eau putrescente; évaporation trés sensible à l'o-
dorat seul, dans les temps d'Eté, et prouvée d'ailleurs par les expériences Eudiométriques. On doit
croire que ces méfites, chacuns dans leur genre,
sont les principes de la salinification, telle ou telle, comme ils sont ceux de l'infection maladive
de l'atmosphére : et à ces deux égards, il existe
des différences entre les régions maremmatiques
ou littorales, et les regions marécageuses continentales.

Il ne faut pas croire pour cela, que l'on doi-
ve confondre dans tous ces cas, les mofétes sali-
nifiantes avec les mofétes fébriféres quelconques;
pas plus que celles-ci avec les miasmes spécifi-
ques, générateurs de telle ou telle fiévre, par
exemple, la peste, le charbon, la petite vérole
etc. Mais mettant à part les fiévres proprement
miasmatiques, et essentiellement éruptives, dont
le germe ou principe séminal, determiné et toujours identique, est en effet distinct des méfites,
comme on le verra cy-aprés, il est certain qu'il
existe quelqu'analogie, quant à la cause materielle,

entre les fiévres dépendantes du méphitisme de l'air, et le méphitisme propre à la génération de tel ou tel sel. Ce n'est pas, je le répéte, que les principes de la salinification, soient toujours et partout les mêmes, que ceux de la fébricitation. On voit, par exemple, que dans les moféfes des étables, habitées par des animaux pleins de vie et de santé, comme dans d'autres lieux plus méphitisés encore, il se fait une abondante et continuelle nitrification; et cependant ceux qui respirent le même air, ne gagnent pas la fiévre, comme la gagnent ceux qui vivent dans l'atmosphére des marais desséchés, et des maremmes putrides, où se forment en abbondance le nitre et le Natron. D'un autre côté on observe que dans les lieux, dont le méphitisme provient des exhalaisons plus décidément putrides des animaux malades, ou de leur cadavres, tels que les cachots, et les hopitaux, les voïries et les tombeaux, les cloâques et les égouts, il s'engendre plus ou moins, et souvent péle et mêle, de l'ammoniac, et du nitre; et dans tous ces lieux aussi, l'air est plus ou moins propre à engendrer des maladies fébriles; maladies qui pourtant sont distinctes des maladies décidement miasmatiques, et n'ont souvent ni le caractére contagieux, ni la qualité essentiellement éxanthématique.

Il faut donc reconnoître que, dans l'atmosphére de ces différents lieux, tant ouverts que fermés, il existe un mélange de gâz aëriformes ou méphitiques, capables de servir à la fécondation des fiévres et des sels, si toutefois les mêmes gâz ne sont pas propres à l'une et l'autre en même temps : et il est à croire que si, dans le dernier cas, ils ont besoin de trouver, dans l'espéce des terres, des matrices favorables à leur fécondation, il doit en être de même dans le premier, à l'égard des humeurs animales vivantes, de telles ou telles humeurs, auxquelles s'attachent et et que corrompent les gâz méphitiques.

Mais si, comme on l'a dit cy-dessus, il faut pour la formation des sels, le concours de plusieurs gâz, et même de certaines intempéries, tel qu'on le voit, par exemple, pour le nitre, et pour l'ammoniac, n'est-on pas fondé à penser aussi que, pour la génération des fiévres paludeuses, comme pour celles des prisons et des hopitaux, il faut la réunion de plusieurs espéces de gâz méphitiques ? Et qui sçait même si ces gâz aëriformes, ne se convertissent pas en gâz salins, pour devenir des germes fébriféres ? Enfin, comme il faut souvent le concours, ou la succesion rapide de plusieurs intempèries atmosphériques, pour donner lieu à des fiévres de saisons et de régions, dans lesquelles le méphitisme n'entre pour rien, ne doit-on pas croire aussi, qu'il faut le concours, ou le rapprochement de certaines intempéries, et de tel méphitisme, pour donner naissance à des fiévres épidémiques; fiévres qui n'ont rien de contagieux, ni d'exanthématique, tant que, par des circonstances particuliéres, elles ne deviennent pas miasmatiques? En un mot, comme on voit que les mofétes déjà composées, qui servent aux combinaisons nitriques, natriques, ammoniacales ou muriatiques, ne sont pas essentiellement les mêmes, il est présumable aussi que, parmi les fiévres, qui sont décidément d'origine méphitique, il existe également des différences réelles.

Au surplus on pourroit peut être encore, à l'aide de l'expérience, et à la faveur de quelques conjectures très raisonnables, remonter davantage vers les causes de ces génèrations respectives, en analysant mieux les fluides gâzeux, qui leur servent d'éléments. Or cette analyse apprend, par exemple, que les exhalaisons proprement paludeuses, sont principalement composées d'hydrogéne fortement carbonisé et de gâz azote, avec quelque peu de gâz acide carbonique. Les exhalaisons marines ou maremmatiques, contiennent également de l'azote et de l'hydrogéne, mais sont beaucoup moins chargées de carbon. Il est aussi une autre différence, c'est que celles-là sont plus communément sulfurées ou hépatisées, et celles-ci plus phosforescentes ou plus inflammables. Cela s'expliqueroit facilement, si l'on admettoit, comme quelqu'un l'a avancé, que le soufre dans sa composition élémentaire, contient de l'hydrogéne et du carbon; tandis que le phosfore contient de l'azote et de l'hydrogéne. On concevroit de même comment, l'alkali ou carbonate de soude prédomine, pur ou muriatisé, sur les côtes maritimes, ou aux environs des maremmes, en supposant, comme on l'a aussi prétendu, que cet alkali est composé de carbon et d'azote, avec excés de ce dernier, et l'acide muriatique d'oxigéne et d'hydrogéne: et comment l'alkali ou carbonate de potasse, formé également de carbon et d'azote, avec excés du premier, se trouve plus ordinairement et plus abondamment dans le voisinage des marais, presque toujours sous forme de vrai nitre, c'est à dire, saturé de l'acide nitrique, dont on sçait que la combinaison résulte de l'azote et de l'oxigéne. Enfin par les mêmes raisons d'analogie, il seroit également concevable comment, dans les lieux, où le méphitisme putréfactif est plus concentré, on voit surabonder l'ammoniac, tantôt libre, tantôt combiné avec l'un ou l'autre des deux acides cy-dessus, le nitrique et le muriatique; et comment cet ammoniac, dont la composition connüe est d'azote et d'hydrogéne, se retrouve aussi dans les eaux de mer pourrissantes et phosforescentes, attendu que la composition présumée de cette espéce de phosfore est, comme on l'a dit cy-dessus, formée des deux mêmes gâz, c'est à dire, de l'hydrogéne et de l'azote.

Mais de toutes ces combinaisons salines ou saliniformes, les seules véritablement prouvées, sont celle de l'acide nitrique (telle que je l'ai fait connoître, le premier, en 1773, à l'Académie de *Copenhague*), celle de l'ammoniac, qui n'à été connüe que long temps aprés, et enfin la conversion réciproque de ces deux sels l'un dans l'autre, par des procédés trés ingénieux. Au surplus les permutations de plusieurs gâz salinifians entre-eux, offrent une autre considération, non moins importante, comme on va le voir.

En parlant de l'air inflammable, nous avons dit ailleurs, qu'il y avoit une distinction essentielle à faire entre deux espéces d'air, qui portent ce nom, et qui sont combustibles à des dégrés trés différents. L'un est le véritable air inflammable ou gâz hydrogéne, résultant de la decomposition de l'eau, comme de celle des corps qui le contiennent. Celui-ci étant spécifiquement plus léger que l'air atmosphérique, gagne toujours les régions supérieures, et se trouve en effet, d'aprés les observations des Physiciens, plus abondamment sur les sommets des hautes montagnes, que dans les plaines même marécageuses. Ne faisant point partie de la composition habituelle de l'atmosphére, il ne s'y trouve qu'accidentellement et passagérement. Il ne paroit d'ailleurs posséder aucune autre qualité malfaisante, si ce n'est d'être inhabile à la respiration; mais sans porter dans les humeurs, ni dans les sources de la vie, aucun principe d'altération. L'autre espéce d'air inflammable, dont quelques chymistes ont parlé, mais que tous n'ont pas admis, peut-être faute de s'entendre, est celui auquel on a donné le nom d'air inflammable pésant, et qui differre du précédent, en ce qu'il est plus composé et facile à confondre avec d'autres espèces de gâz. Bien que sa composition soit encore mal définie, comme celle de plusieurs autres, tout porte à croire cependant que les éléments de ce mixte aërien, sont l'air vital et le carbon, mais à des doses différentes de celles qui constituent le gâz acide carbonique. Ainsi comme le carbon est lui-même composé d'hydrogéne et d'azote; comme aussi ce dernier paroit l'être de ce même hydrogéne, de peu d'oxigéne, et peut-être de lumière; comme enfin chacun de ces gâz, l'hydrogéne, l'azote, le gâz acide carbonique et l'inflammable pésant, sont susceptibles, les uns de s'hèpatiser ou de se phosforiser, les autres de s'ammoniacaliser, ou de se carboniser outre mesure, il s'en suivroit qu'étant analogues dans leur mixtion, et contenant des principes communs, ils sont facilement transmutables les uns dans les autres, sans que pourtant la chimie sçache encore saisir les modes, et fixer les limites de ces transmutations.

Mais si en derniére analyse, l'atmosphére n'ad-

met, dans sa composition essentielle et fondamen-
tale, que deux espéces d'airs, le gâz vital, et le
gâz azote, en des proportions qui sont toujours
à peu-prés les mêmes, il est à croire que les
autres gâz méphitiques et non respirables, qui
sont sans cesse versés dans son sein, s'y décom-
posent d'une part, pour servir à la régénèration
de l'air vital, ou à l'entretien de l'air azote; et
d'autre part, y sont employés à des nouvelles combinaisons, notamment à la récomposition de l'eau,
ainsi qu'à la formation de plusieurs météores a-
queux, qui deviennent par là des moyens dépu-
ratifs de l'atmosphére. Il ne faut pas non plus
exclure de ces voies de dépuration, à l'égard
des gâz méphitiques, de ceux surtout qui ont
une pésanteur spécifique, très différente de celle de l'air commun, la partie qui se précipite et
celle qui se sublime. On sçait par expérience,
que le gâz acide carbonique, dont le poids est
double de celui de l'air ordinaire, et qui est si
prompt à se dissoudre, ou bien à entrer dans
d'autres combinaisons, se trouve dans le premier
cas; tandis que le gâz hydrogéne, qui est le plus
léger de tous, se porte constamment aux régions
supérieures, pour y servir, entre autres usages,
à la génèration des météores ignescens. Pour ce
qui est de l'air azote, bien qu'il ne soit nullement propre à la respiration, non plus qu'à la
combustion, et que pour cela on lui ait donné

le nom de moféte atmosphérique, il ne paroit pas cependant qu'il entre, pour quelque chose, dans l'infection proprement ditte de l'atmosphé‑ re, au moins de cette infection qui devient cau‑ se des maladies dépendantes de cette source. En effet cet air azote, tel qu'on le connoit, étant destiné à former à peu-près les trois quarts de la masse atmosphérique, dans son état naturel et de salubrité, difficilement on pourroit croire qu' une augmentation à peine calculable de ce fluide aërien, deviendroit un principe réel et sensible d'insalubrité. D'autant plus qu'une telle augmen‑ tation ne se fait pas toujours observer dans les cas d'une véritable insalubrité, et que celle-ci n'est pas nécessairement la suite de l'autre. En un mot si $\frac{73}{100}$ d'air azote, répandus habituellement dans l'air, ne lui ôtent pas ses qualités respira‑ bles et salubres au suprême dégré, on ne doit pas croire que 74 ou $\frac{75}{100}$ puissent changer ces qua‑ lités, au point de les rendre maladives ou véné‑ neuses.

D'aprés ce que nous avons dit cy-dessus, du gâz acide carbonique et du gâz hydrogéne, dans leur état de pureté, on ne doit pas croire non plus qu'ils entrent, pour quelque chose, dans la composition de la moféte ou des mophétes atmos‑ phériques: car outre qu'on ne les retrouve pas dans la composition de l'atmosphère, si ce n'est accidentellement, dans quelques cas particuliers, et en trés petites quantités, on sçait encore, par une foule d'expériences, que chacun de ces deux gâz, mêlé a l'air respirable, en des proportions assez considérables, ne fait que diminuer leur aptitude à servir à la respiration, sans leur communiquer aucune autre sorte d'infection maladive. On sçait enfin que ces deux gâz, ainsi que l'azote, sont les produits ordinaires de la respiration, et d'autres sécrétions animales; et l'on est fondé à croire, d'aprés l'observation journaliére, que leur melange à l'air ambiant, bien qu'y produisant une altèration, sensible aux réactifs Eudiométriques, n'y apporte néanmoins aucune alteration contraire au maintien de la vie, si ce n'est dans des circonstances qui seront indiquées ailleurs.

On peut en dire autant de ces mêmes gâz et de leurs analogues, lorsque, par des combinaisons nouvelles, ils sont portés à l'état hépatique, phosforique, ammoniacal ou carbonique. Ne voit-on pas en effet tous les jours, des hommes et des animaux respirer impunément, bien que quelquefois laborieusement, dans une masse d'air, où il entre un ou plusieurs de ces fluides gâzeux, même à hautes doses? Voyez par exemple, les souterrains des mines, le voisinage des foyers volcaniques, des mofétes minérales, des bouches d'eaux thermales, des *Lagoni*, des *Solfatarres*, d'ou exhalent en quantité les gâz carboniques, hépatiques, et phosforiques. Voyez les sommets des

hautes montagnes où domine l'air inflammable,
le gâz hydrogéne; et ces atteliers à fourneaux,
d'où il se dégage tant de gâz carbonique. Voyez
les étables des animaux, les tanneries, les latrines même, où surabondent les gâz azote, acide
carbonique, et l'ammoniac etc. Dans tous ces
lieux, sans doute, les procédés analitiques sur
l'air, démontrent la présence et le mélange de ces
ingrédiens hétérogénes, et souvent les sens, ainsi que la respiration, suffisent pour avertir qu'ils
s'y trouvent en quantité. Mais l'observation ne
prouve pas qu'ils soient nuisibles à la santé, dans
le sens et au dégré, où le sont d'autres fluides aëriformes, imperceptibles à la respiration, aux sens,
et même aux instruments Eudiométriques.

C'est ce qui m'a fait ailleurs distinguer entre les mofétes suffocantes, ou contraires à la respiration, et les mofétes putréfiantes, ou corruptri-
ces des humeurs. Celles-là blessent et éteignent
rapidement le mécanisme de la vie: les autres en
altérent lentement et sourdement les sources, en
inoculant des maladies différentes. Mais il y auroit encore entre chaque classe, d'autres distinctions à faire, comme on verra cy-aprés; depuis
la moféte de la foudre, par exemple, jusqu'à celle de la peste, selon qu'elles agissent plus ou
moins sur les nerfs, sur les humeurs, ou sur les
autres parties du corps: et l'on ne peut nier que
sur cet objet, les expériences comparées, faites

avec les animaux ; n'ayent déjá répandu quelque lumière . Mais combien l'on est loin encore de l'avoir épuisé, pour ce qui concerne seulement les poisons aëriformes et vaporeux ? L'on s'est d'ailleurs bien plus occupé jusqu'à présent, des effets instantanés de ces gâz méphitiques, qui exerçant leurs qualités vénéneuses sur la respiration ou sur les nerfs, produisent des morts plus ou moins violentes, que de ceux qui, agissant sur d'autres organes ou sur les humeurs, y dévelopent, avec plus de lenteur, des maladies fébriles de différent caractère.

Il est des affections organiques, des altèrations passagères ou durables, dans les diverses fonctions de l'oeconomie animale, dont la cause existe, ou dans des émanations inconnues, étrangéres à l'atmosphère, ou dans de simples modifications plus cachées encore de ce milieu. Mais l'on sçait seulement que les unes et les autres précédent pour l'ordinaire, ou suivent, et d'autres fois accompagnent les mutations des temps ou des saisons. Souvent les observations matérielles et purement instinctuelles du vulgaire, apprennent sur cela des particularités, des résultats pratiques, qui échapent aux recherches scientifiques des Physiciens, à l'aide même de leurs instruments.

Si par exemple, des foyers très circonscrits d'infection, dans les lieux habités, tels que des puits, des cloâques, des tombeaux, exhalent des vapeurs méphitiques, centuplées dans certains temps, dans certaines constitutions d'air, dont rien n'annonce d'ailleurs les changements; vapeurs très sensibles à l'odorat, aux agents chimiques, et remarquables aussi par les effets qu' elles produisent sur les corps vivants; on peut concevoir les émanations que doivent fournir, dans des circonstances analogues, dans ces mêmes intempéries occultes, les vastes bassins marécageux, les masses d'eaux stagnantes, les risiéres, les lagunes, les marais salans etc. Non seulement ces grands amas superficiels sont assujetis à de telles variations d'effluves malfaisants, quelquefois même à des incandescences passagères; mais on observe aussi qu'il s'en exhale des régions souterraines profondes, telles que celles des mines: et ces effluves, quoique d'un autre ordre et d'une autre sphére, ne doivent pas être méconnus, en ce qu'ils deviennent parties intégrantes de la mixtion, et de l'aggregation atmosphérique, au moins passagèrement. Que l'on voye, par exemple, en certains temps, bien plus que dans d'autres, les écoulements des mines pétroliques, les exhalaisons des mines sulfureuses, les mofétes des eaux minérales etc. Mais lors même qu' elles cessent d'être sensibles, par défaut d'une aggrégation suffisament concentrée, elles n'en sont pas moins réelles; et il en est de même à l'égard des exhalaisons superficielles.

Si l'on veut rechercher la cause cachée des unes et des autres ; si l'on veut expliquer pourquoi leur production, souvent instantanée, leur dévelopement rapide, se font appercevoir surtout aux changements des saisons, aux vicissitudes de la témpèrature, aux approches des orages, des ouragans, des tremblements de terre etc, il sera difficile de ne pas leur assigner, comme on l'a fait cy-dessus, pour moteur principal et pour véhicule, le fluide de l'électricité : fluide qui, soit qu'il agisse par ses mouvements de flux et de reflux, entre l'atmosphère et la terre, soit qu'il éprouve lui-même ou fasse éprouver à d'autres fluides, et nommément à celui de l'eau, quelque décomposition, ou quelque combinaison nouvelle, est capable de donner origine à beaucoup de substances gâzeuses et salines.

Dans les laboratoires de la nature, comme dans ceux de l'art, ce qui fait les gâz, fait les sels : ces sels et ces gâz, ou dumoins plusieurs, ont la même origine dans les régions de l'air, que dans les foyers souterrains de la volcanisation, et de la minèralisation, aux différences prés des circonstances locales : mais le mécanisme de leur production est le même. Dans ce mécanisme, comme nous l'avons dit ailleurs, entre pour beaucoup l'électricité, dont les dépots des mines sont, sous terre, les condensateurs naturels, comme dans l'atmosphère les courans et les

grands amas d'eau et de' vapeurs. Ainsi la formation, soit extemporanée, soit successive, des gâz
et des sels, leur accumulation, leur explosion,
produisent dans les voies souterraines, les principaux phoenomènes de la volcanisation, et des
tremblements de terre; comme elles produisent
les eaux minèrales et les thermales; comme elles
produisent, dans les régions atmosphériques, des
mofétes et des météores. Et si parmi ces derniers, telles que les pluies, les grêles, les neí-
ges, on n'en trouve pas qui conservent les indices d'une imprègnation gâzeuse, acidule, sulfu-
reuse ou autre (comme peut-être on en trouve-
roit des exemples dans certaines pluies d'orage)
il seroit facile d'en donner les raisons. D'aprés
une expérience que j'ai faite plusieurs fois, le
court trajet de 2 ou 300 pieds, que parcourt,
dans l'atmosphère, une eau minèrale, gâzeuse et
thermale, jettée du sommet d'une tour, suffit
pour lui enlever sa minèralité et sa chaleur. On
sçait que la gelée dépouille également de son
gâz une eau minérale naturelle ou factice. Ainsi
dans la supposition où une telle minèralité pourroit s'opèrer au milieu d'un orâge en fulmination, comme cela arrive quelquefois au milieu
de certains volcans en explosion, il seroit raisonnable de croire que l'eau de la pluie, tombant
du haut de la nüe, est totalement depouillée du
gâz qu'elle auroit pû dissoudre: d'autant plus

qu'elle éprouveroit, avant d'arriver jusqu'à nous, des alternatives de congellation et de liquèfaction, par la réaction constante de l'électricité et de l'eau, ainsi que du concours des fluides expansibles qui en résultent. Ce concours et cette réaction sont d'ailleurs rendus trés probables, d'aprés les expériences de détonnation et de fulguration artificielle, par le fait de l'électricité, dans les masses de vapeurs aqueuses et de gâz aëriformes.

Il est au surplus assez remarquable, que ces deux principaux agens des orages, comme des volcans, le fluide électrique et l'eau, produisent dans l'atmosphére, beaucoup plus de congellation que d'ignition; tandis que sous terre, ils produisent l'ignition volcanique, et des éruptions gâzeuses, sans congellations, aumoins reconnues. Cette différence peut tenir, entre autres causes, à la surabondance du calorique dans les conducteurs souterrains, foyers et aliments nécessaires de la volcanisation; circonstance qui ne se trouve pas telle dans les condensations atmosphériques, dont l'eau en vapeurs fait presque tous les frais. Il est cependant certain que dans l'air, comme sous terre, la matière de la chaleur est, comme celle de l'électricité, susceptible de concentrations partielles, locales et additionelles; que de plus le mécanisme en est à peu-prés le même, et que par conséquent il existe dans le sein de l'air, comme de la terre, des atmosphéres circonscrits, surchargés d'électricité et de caloque; atmosphéres qui, s'accroissant par leur durée, préparent et déterminent les orages, ainsi que les volcans, ou bien éclatent en d'autres météores, qui en tiennent lieu, pour rétablir l'équilibre. Voyez ces orages, en quelque sorte périodiques, qui divisent et terminent les saisons. Aux hyvers non froids, et sans congellations, succédent pour l'ordinaire des Étés orâgeux: orages tantôt secs et tantôt humides: tantôt formés sous le règne du Sciroc, et tantôt sous celui des vents contraires; mais le plus souvent rassemblés par le concours de plusieurs courans opposés: et ce sont ceux-ci surtout qui produisent des congellations et des tempétes.

En général la marche et les époques des uns et des autres, sont bien différentes en Italie, de ce qu'elles sont au delà des Alpes. Celle-là par sa configuration de Péninsule trés allongée, trés montueuse, presque de partout; par sa circonvallation maritime sur plus des $\frac{3}{4}$ de son étendue, reunit, plus qu'ailleurs, ce qui détermine, ce qui multiplie les météores, c'est-à-dire, les monts, les mers, et les vallées. Celle de la Lombardie surtout, renfermée entre deux hautes chaines, et aboutissant à un grand golfe, le repaire de tous les vents, éprouve sans cesse les vicissitudes de ces météores fulminans et orageux: météores qui, soit par l'attraction hydro-Èlectrique des sommets et des forêts du pourtours, soit par la répulsion mécanique qui imprime une détermination contraire, se portent alternativement du centre, ou du cours des principaux fleuves, à la circonférence montueuse, et de tous les points de celle-ci vers les parties centrales, par autant de contre- courans. A cette fluctation perpétuelle, à cette condensation de vapeurs, en partie réguliére, comme dépendante des marées atmosphériques, et en partie irréguliére, comme subordonée à l'inconstance des vents originaires de plus loin, tiennent les qualités caractèristiques et variables de son climat; comme aussi de ces qualités dérivent les maladies fébriles, qui, sans changer de nature, changent de sîtes, se portant tantôt vers les régions montueuses, tantôt se concentrant dans la plaine. Mais ces maladies ètant toujours dépendantes de l'intempèrie, et des vicissitudes de l'atmosphèrc, il ne faut pas les confondre, malgré des traits de ressemblance, avec celles dont la cause principale existe dans l'influence des exhalaisons et des mofétes, ainsi qu'on l'a vû déjà tant de fois dans ce qui précéde.

Parmi ces exhalaisons méphitiques, nous avons distingué, non seulement celles dont l'origine est dans les régions souterraines et minèrales, de celles qui se forment à la surface de la terre, par la décomposition des corps organiques, surtout dans le sein des masses d'eaux stagnantes, ou des terres végétales, imbibées et desséchées alternativement : mais nous avons admis en outre, la génèration d'autres gâz méphitiques dans l'atmosphére même, résultants, soit de la décomposition de l'eau en état de vapeurs, dans certains cas de météores, et de surabondance de feu électrique, soit de quelque nouvelle combinaison, qui, par l'intervention du gâz carbonique, pourroit méphitiser l'air vital, ou faire surabonder le gâz azote. Quant à ces derniers gâz, c'est-à-dire, ceux engendrés spontanément ou transmutés accidentellement, dans le sein de l'air, il est à croire qu'ils ne possédent pas, non plus que les gâz d'origine minèrale, et que ceux résultants de la combustion, les qualités dèlétéres et maladives, que l'on découvre dans les gâz méphitiques, qui s'exhalent des surfaces marécageuses et putrèfactives.

Mais il faut observer íci, que ces différents fluides gâzeux, de quelque qualité et de quelqu'origine qu'ils soient, sont tous plus ou moins solubles dans l'eau. L'air vital même le plus pur, et le gâz inflammable ou hydrogéne le plus léger, n'en sont pas exceptés. En effet, si ce dernier, en masse aggrégative, tient de l'eau en dissolution, celle-ci doit en faire de même à l'égard de celui-là : car en fait d'affinités, tout est réciproque, et il ne peut y avoir de differen-ce que pour les doses. Mais si l'eau en masse liquide, à sa tempèrature ordinaire, peut dissou-dre quelque peu d'air inflammable, à plus forte raison l'eau en vapeurs, ou à demi-dissoute, comme dans les fumarols, et dans certains météo-res de l'atmosphére. Peut-être y a-t-il au sur-plus, dans l'un et l'autre cas, quelqu'interméde inconnu, pour opèrer cette dissolution de l'hy-drogéne dans l'eau; dissolution plus commune qu'on ne pense, et de laquelle résulte ce qu'on peut apeller *de l'eau hydrogènée*, comparable, à la différence prés des espéces de gáz, à l'eau carbonisée, à l'eau hépatisée etc. Mais ces der-niers gáz, l'acide carbonique et l'hépatique, ain-si que le phosforique et l'ammoniac, sont à plus hautes doses, que le gâz inflammable pur, so-lubles dans l'eau; et il sembleroit que c'est, dans tous ces cas, le gâz carbonique qui sert d'inter-méde à cette dissolution. Mais si, comme on l'a prouvé, le gâz carbonique contient de l'azote et de l'hydrogéne, dans sa composition, ainsi que l'azote du carbonique, dans la sienne, il faudra en conclure qu'ils se rendent solubles l'un par l'autre.

Quoiqu'il en soit, cette réciprocité d'action de l'eau sur les gâz, et de ceux-ci sur celle-là, sert beaucoup à expliquer, mais souvent aussi à déguiser, l'existence des airs et des eaux méphitiques ou insalubres. Il ne faut pas toutefois confondre l'action des gâz, considérés dans leur état aggrégatif aëriforme, avec celle qu'ils exercent lorsqu'ils sont dissous dans l'eau; pas plus qu'il ne faut confondre les effets d'aggrégation, aqueuse, vaporeuse et aëriforme. Il est des gâz, comme il est des acides, dont l'action ne se dévelope que dans l'un ou l'autre de ces états, et cesse de se manifester, ou devient différente, lorsqu'ils changent d'aggrégation. Voyez ce qui se passe à cet égard dans les foyers volcaniques, dans ceux de l'aluminisation, dans ceux de la nitrification etc. On ne peut douter, d'aprés ces exemples, que l'état aqueux et l'état aëriforme, ne modifient ou ne changent les propriétes chimiques, dissolvantes, corrosives ou autres, des substances gâzeuses et salines. Ainsi tel gâz méphitique, pur et concentré, peut exercer sur les animaux vivants une action suffocante instantanée; tandis que dissous et delayé dans l'eau, sous forme vaporeuse ou aërienne, il exercera une action lente et putréfactive. Ainsi de la combinaison de plusieurs de ces gâz, à différents dégrés d'aquosité et d'expansibilité, résultera une action mixte, toute différente: et c'est dans cet ordre de mixtes aëriformes, plus ou moins aqueux, et dans les vapeurs aqueuses plus ou moins chargées de fluides gâzeux, qu'il faut chercher la diversité des méphites et des effluves, qui servent à infecter ou à dépurer l'atmosphère; qui concourent à détruire ou à former ses météores. Un orage qui se prépare sur notre tête ou sous nos pieds, altère et corrompt l'air que nous respirons: un orage qui éclate et se dissout, le purifie, moitié par l'ignition, moitié par le lavage. L'eau et le feu sont les grands dépurateurs de l'air et des exhalaisons de la terre.

L'eau, de son état liquide, à zero de *Reaumur*, passe successivement à l'état vaporeux et gâzeux, jusqu'à 80 dégrés, à raison du calorique qui se combine avec elle. De même que l'eau, dans cet état de liquidité, absorbe de l'air atmosphérique, qui la rend plus légére, de même aussi l'air absorbe de l'eau, à raison des doses du calorique existant dans le mélange. De cette dissolution de l'eau dans l'air, se forme une aggrégation séche et invisible, qui suit toujours et se maintient selon les proportions de la tempèrature. Les Hygromètres n'indiquent pas exactement les quantités de cette eau ainsi dissoute; et ils ne sont pas même sensiblement affectés, comme on l'a dit cy-dessus, par celle dont la dissolution est complette; mais seulement par celle qui va se dissolvant ou se prècipitant. D'ailleurs ce n'est pas seulement sur la précipitation et la dissolution alternatives de l'eau dans l'air, par la présence, l'absence ou la surabondance du calorique, qu'il faut calculer la formation, et la destruction des météores aqueux et ignés de l'atmosphère : c'est encore sur la décomposition et la récomposition de l'eau, par le moyen du fluide électrique, ainsi que sur les quantités respectives, très diverses, de ses deux ingrédiens connus, l'oxigéne et l'hydrogéne. Ces ingrédiens sont rendus solubles et gâzeux par le calorique, qui s'en empare à mesure, selon la loi des affinités ; susceptibles aussi de se méphitiser l'un et l'autre, de telle ou telle manière, sous telle ou telle forme, par l'intervention du gâz carbonique et de l'azote. C'est ainsi qu'entre les météores et les mofètes, entre les mofétes et les météores, il existe des rapports incontestables, comme il en existe aussi, entre les exhalaisons méphitiques des régions basses, et les aggrégats mètéoriques des régions élevées, au moyen du calorique qui sublime et vaporise l'eau, comme du fluide électrique qui la décompose et l'*aërifie*.

Mais il faut bien distinguer l'eau aërifiée par le premier moyen, de celle qui l'est par le deuxiéme. Là, ce n'est qu'une sorte de sur-composition, de laquelle résulte une aggrégation aëriforme légére et passagère, qui pourtant donne à ce mixte les apparentes propriétés de l'air proprement dit. Dans cet état gâzeux, expansible, compressible, l'eau, faisant partie intégrante de l'air ordinaire et respirable, n'exerce aucune action méphitique, ni insalubre quelconque : mais elle est alors dans une disposition très favorable , pour servir de vehicule aux méphites et aux miasmes élevés dans l'air, comme aussi pour les déposer en changeant de tempèrature, c'est-à-dire, en perdant son dissolvant calorique , et retournant à l'état d'eau ou de vapeurs. C'est là, sans doute, un des grands agents de la propagation et de l'insertion des miasmes et des méphites. Quant à l'eau aërifiée par le moyen du fluide électrique, c'est une vraie décomposition, de laquelle ré-sultent deux gâz nouveaux, comme de ceux-ci résultent d'autres fluides gâzeux, très diffèrents et très définis, selon que le calorique, la lumiè-re, ou le gâz carbonique, prédominent dans le lieu de l'atmosphère, et au moment, où s'opère cette décomposition de l'eau, pour en faire pas-ser les éléments, oxigéne et hydrogène, dans telle ou telle combinaison nouvelle, celle du gâz azotique, de l'acide carbonique, de l'ammonia-cal etc.

Ainsi donc, à cet aggrégat variable de flui-des gâzeux; à ces courans plus variables encore de vapeurs aqueuses, sous toutes les formes; à la combinaison perpétuelle de ceux-là avec cel-les-ci; à leur dissolution et leur précipitation al-ternatives; a leur transmutation réciproque d'eau en airs et d'airs en eau; à l'assemblage enfin de ce qui s'éléve de la terre, et de ce qui se for-me dans l'atmosphère, troublé, agité, modifié,

par des météores sans nombre, tiennent les qualités de ce vaste milieu, dont nous tirons notre
principale subsistance. Et pour nous reconnoître
au milieu de ce câhos d'éléments, de mixtes,
de combinaisons diverses, de qualités opposées
et de vicissitudes continuelles, l'homme le plus
éclairé, le plus vigilant, n'a que quelques instruments très imparfaits, trés infidels, et beaucoup
d'observations vagues ou incertaines. Il a des
Baromêtres, qui ne lui indiquent pas au juste les
dégrés de pésanteur de l'air, et qui lui laissent
surtout ignorer si ses variations, à cet égard,
tiennent aux changements de son élasticité, de
son humectation, ou de ses courans; si elles dépendent de la surabondance ou du defaut du ca-
loriqne, de l'eau et de l'électricité, dans la masse d'air qui l'environne. Et pour ce qui concerne la présence, les quantités et les môdes relatifs de ces trois derniers fluides, qui, par leur concours, constituent la tempèrature locale, l'humidité ou la sécheresse de cette masse; qui influent
en même temps sur son élasticité, et son expansibilité, les instruments hygrométriques et thermo-
métriques, sont encore moins capables d'en faire connoître les dégrés et les variations, que
ceux de sa pésanteur spécifique. Mais les plus
imparfaits de tous, le moins usuels, les plus difficiles à fixer, et à adapter aux observations jour-
naliéres, sont les Electromêtres, et les *Vaporo-mê-*

tres ou *Atmidomètres*. On ne parle pas ici des magnéto-mêtres ou des Boussolles, qui ne sont d'aucun usage en matière d'hygienne, et de très peu en météorologie. Quoique les plus constants dans leur marche, ces instruments ne laissent pas cependant que d'éprouver bien des variations et des aberrations, dont les causes nous sont inconnues. Quant aux Anèmomètres, leur usage, bienqu'utile à quelques égards, et dans quelques circonstances, éprouve une infinité d'exceptions; et la plupart de ses résultats sont perdus pour l'observateur, lorsqu'il veut en faire l'application à la sçience météorologique; comme ceux de l'Eudiométrie sont souvent inutiles ou trés insuffisants, lorsqu'il s'agit de les appliquer à la médecine. On sçait d'ailleurs que ceux-ci, dont l'emploi ne suppléeroit pas à celui des appareils *exhalométriques*, s'il y en avoit, ne sont guéres usités que pour explorer quelques masses d'air isolées et circonscrites, soit dans des appareils chimiques, soit dans des lieux habités et fermés: car dans le champ de l'atmosphére libre, on a vû combien peu ils apprennent ; combien de fluides leur échapent, ainsi qu'à nos sens: combien d'exhalaisons issues de la terre, surtout aux mutations des temps et des saisons, restent imperceptibles aux uns et aux autres, bien que trés actives sur notre organisation.

Enfin il faut en convenir, tous les instruments

vulgaires, et tous les moyens les plus recherches de l'Aëromêtrie moderne, sont encore bien loin de nous faire connoître les qualités phisiques et chimiques de l'air, capables d'influencer l'homme en état de santé et de maladie. Tous ne donnent que des approximations de l'état réel, et des effets relatifs de ce fluide: et lorsque, par des efforts de sagacité et de patience à recueillir de tels rèsultats; lorsque par des confrontations perpètuelles et toujours difficiles à faire, de chacun de ces rèsultats séparés, et de leur ensemble, on est venu à bout de se procurer de ces demi-connoissances, de ces à peu-prés sur l'action de l'air et de tel air dans l'oeconomie animale, on n'est encore guéres avancé pour en tirer des conséquences générales, applicables à d'autres lieux, à d'autres temps; de manière à les rendre utiles à la sçience pratique des climats. Ne voit-on pas tous les jours, que les observations vulgaires sur les classes de végétaux, convenables à telles régions; que les maladies familiaires aux animaux, qui y habitent, nous donnent sur l'humidité, sur la sécheresse, et sur la température, habituelles de l'air, ainsi que sur l'élévation et la nature du territoire, des notions plus précises et plus utiles souvent, que tous les instruments de la Phisique.

Ce qui constitue la vivacité, le ressort, la lourdeur et l'épaisseur de l'air, dans le sens ordinaire de ces qualifications, n'est pas plus saisissable par ces instruments, que ne le sont les dégrés précis de sa pureté, et les môdes variables de son altération, par ceux de la chimie. La distinction de l'air en *subtil* et *grossier*, est plus généralement consacrée en Italie, que partout ailleurs, tant parmi le peuple, que parmi les médecins. *Aria grossa, aria sottile* : tel est l'apofthegme trivial et caractéristique de toutes les constitutions d'air. On admet aussi l'*aria di mezzo, l'aria meschissa* : et il faut entendre ces expressions, non seulement dans le sens d'une constitution d'air mixte ou moyen, c'est à dire, qui tient le milieu entre l'air subtil et l'air grossier; mais encore comme résultat d'un mélange de deux atmosphéres, notablement différents entre eux par leurs qualités: tels sont, par exemple, celui de la mer et celui des plâges; celui de la plaine et celui des montagnes; celui du nord et celui du midi; celui qui est ventillè et celui qui est stagnant. Or il est certain que sous tous ces rapports, le mélange des atmosphéres, dans les points de leur contact, comme dans les cas de leurs successions rapides, de leurs courans opposés, offre sur la santé des habitans, des différences d'impression, que n'apprennent point, et que n'expliqueront jamais, les instruments des Phisiciens. L'air apellé vif ou léger, et qui est la même chose que l'air subtil, se montre aux épreuves barométriques, et est en effet, plus pésant que l'air épais, lourd et grossier, ainsi surnommé par ses effets sensibles et apparents sur le corps humain.

Ces derniéres qualités de l'air sont manifestement duës aux dégrés et aux modes de son aquosité étrangére ou superflue, selon qu'elle y est dissoute, combinée ou suspendue; et ces divers états sont eux-mêmes subordonnés à sa température et à son hétérogénéité. Ainsi les qualités phisiques et aggrègatives de l'air, dèpendent surtout de son humectation accidentelle et variable; tandis que celles de sa mixtion chimique, dérivent principalement et essentiellement de sa stagnation, à laquelle pourtant il faut ajouter les mofétes qui y sont accidentellement versées par les exhalaisons de la terre.

Mais la seule stagnation de l'eau dans l'air, et de l'air dans l'eau, suffit pour les corrompre, pour les méphitiser l'un et l'autre: et cette stagnation est bien autrement active, dans les constitutions d'air épais et grossier, où l'eau n'est que suspendue, ou bien à demi-dissoute par le calorique, que dans celles où l'air est vif et subtil, bien qu'il contienne alors autant d'eau, et même plus que l'autre, mais dans un etat de vraie dissolution, et de combinaison aërienne; circonstances qui le font paroître sec et léger, en comparaison du premier. Ajoutez encore que celui-ci, à raison de son humidité fluctuante et stagnante, est plus propre que l'autre à absorber, à dissoudre les méphites et les miasmes, qui lui sont apportés de dehors; et qu'en outre, plus capable d'attirer et de répandre l'électricité, au lieu d'exercer, comme l'autre, une action cohibente et répulsive, à l'égard de ce fluide, il devient par là, et le foyer et l'interméde de sa propre dégénèration méphitique: il devient en même temps le moyen propagateur le plus puissant de la corruption des corps auxquels il touche et qu'il pènétre. C'est là le principal aspect sous lequel il faut considérer les qualités malfaisantes de l'air stagnant, lorsqu'il est humide et chaud: et c'est en effet sous ce rapport d'altérabilité, bien plus que sous celui de ses intempèries, qu'il importe de le connoître.

Mais, je le répéte encore, la connoîssance de cette masse d'air, d'exhalaisons, de lumiére et de feu, dont les couches diminuent de densité, bien qu'augmentant de froideur, à mesure qu'elles s'eloignent de la terre; de cette masse, qui par ses vicissitudes, autant que par sa composition, incessamment variable, est le siége de tous les météores, comme la source de la plupart des maladies; la connoissance, dis-je, de notre atmosphére, sous ce double rapport, ne portant que sur des observations instrumentaires, et des expériences analitiques, dont les resultats manquent nécessairement de précision, ne peut jamais être que d'une utilité secondaire et très bornée, dans la médecine pratique. Cependant les Médecins zélés pour les progrés de leur art, ont toujours cherché à joindre à leurs observations nosologiques, celles qui ont pour objet les vicissitudes de l'atmosphére, dans ses qualités phisiques, et les altérations qu'il éprouve, dans sa composition chimique. L'étude des unes et des autres, comme celle de leurs corrélations, est aujourd'hui, plus que jamais, devenue inséparable; et c'est ce qui constitue proprement la sçience de la Météorologie.

Ce qu'on peut en tirer pour la sçience des climats, on l'a déjà vû en partie, dans ce qui précéde, avec les restrictions qu'il faut y apporter. On pourra le voir encore davantage dans les articles suplémentaires qu'il convient de joindre ici, et qui feront la matière du deuxiéme Tome de cet ouvrage : articles que pourtant l'on avoit composés dans d'autres vües, et qui devoient faire autant d'ouvrages distincts et séparés; tels que celui sur la *Pellagra*; sur la derniére Epizootie de la Lombardie; sur les marées atmosphériques; sur les marais Pontins, et sur les Lagunes Venitiennes, etc. On va terminer ce volume par une conclusion générale sur le climat de l'Italie, et par un Appendice sur ses maladies prédominantes, ou les plus ordinaires, dans les regions littorales et maremmatiques. Mais auparavant il me reste une derniére observation à faire sur ce qui précéde.

On trouvera peut-être que, dans cet ouvrage, j'ai donné trop d'extension aux objets spèculatifs de la Chimie et de la Phisique; mais trop peu à celui de la Mèdecine: comme si les connoissances, derivées de ces deux premières sçiences, étoient étrangères à la troisième. Que ces connoissances ne soient pas toujours d'une utilité directe à la Mèdecine, ni d'une aplication facile et immediate aux procèdés pratiques de cet art, c'est une verité que personne ne conteste; et nous l'avons souvent rapellée dans le cours de ce Traité. Mais s'il est une partie de la Mèdecine, que la Phisique et la Chimie aient le droit d'éclairer, c'est sans doute celle qui a pour objet la connoissance de l'air, celle de ses qualités et de son action sur le corps humain. Sans elles, cette connoissance, uniquement fondée sur l'observation de ses effets, ne seroit encore, comme elle a été pendant si long temps, qu'une sorte d'empirisme. Il faut convenir, que l'un des plus beaux monumens, qu'aient élevé, à la gloire de l'industrie humaine, ces deux Sciences rèunies, dans le court espace d'un siècle, et surtout depuis 30 ans, c'est tout ce qui a raport à l'Aërologie ou Pneumatologie.

Il s'agit d'un fluide, qui, par sa subtilité extrème, èchape à presque tous les sens de l'homme, et dont presque tous les hommes ne reconnoissent l'existence que par son nom, et parcequ' on leur a dit qu'il èxistoit. Un fluide, qui, par son être, longtemps crû élémentaire, èchape à la plupart des agens de la Chimie, des instrumens de la Phisique; et que pourtant l'on est venu à bout de pèser, de mèsurer, d'analiser, de dècomposer, de rècomposer ètc. Un fluide, dont toutes les qualités aggrègatives ou phisiques, le ressort, la pèsanteur, l'expansibilité etc., ont été évaluées avec la plus grande précision; dont toutes les propriètés chimiques, et les ingrediens essentiels, et les mèlanges hétèrogènes; dont l'aquosité, la chaleur, l'électricité, les méfites, sont aujourd'huy connus, et mieux connus, que ne le sont les propriétès, les ingrèdiens et la composition, de presque toutes les autres substances, plus grossiéres et plus materielles: voilà, dis-je, jusqu'où sont parvenus, à l'egard de ce fluide aërien, le plus essentiel de tous à l'existence de l'homme, les efforts de la patience et de la sagacitè expèrimentale. Mais ce n'étoit pas assès de connoitre, sous tous ces rapports, ce qu'est l'air en soi, et comme agent universel, douè de telles qualités, formè de tels principes. Il falloit encor le suivre dans l'intèrieur, et dans tous les dètours de l'animalité: il falloit sçavoir ce qu'il y peut, ce qu'il y fait; les changemens qu'il y produit; ceux qu'il y éprouve lui-même etc.

C'est alors qu'il faut que le Medecin soit Chimiste et Phisicien, ou bien qu'il emprunte d'eux les lumières dont il a besoin pour èclairer son objet. Il est bien vrai que la Phisique et la Chimie, sont loin de satisfaire la Mèdecine sur tous les points, sur tous les resultats de l'action de l'air, dans l'organisation vivante, ni sur le mècanisme de cette action. Mais il est vrai aussi que le Medecin, qui sçait tout ce que ces sçiences accessoires peuvent apprendre à cet égard, a de grands avantages sur celui qui les ignore: comme il est vrai aussi, que l'observation mèdicinale, imbüe de ces lumières, est capable, à son tours, de rectifier et d'étendre les decouvertes chimiques et phisiques.

On a vû, dans ce qui prècede, les preuves de ces verités, ainsi que celles de la diffèrence qui existe, entre les resultats, les procedés, de ces deux sçiences, et ceux de la Mèdecine, qui a pour unique objet l'animalitè vivante. On a vû comment l'homme reçoit bien plus sa subsistance de l'air qu'il respire, que des alimens qu'il absorbe. On a vû que, semblable a Promèthèe, il tire du sein de l'air, le feu qui l'échaufe et le vivifie; en même temps que ce même air le purge de tous ses excrèmens volatils. On a vû qu'une autre partie de cet air, introduit dans son sang, dans ses humeurs, en devient principe intègrant, en des proportions énormes, et s'y trouve dans tous les états de fixitè, de libertè, de semi-dissolution, et toujours pret à reprendre ses qualités aggrègatives. On a vû enfin qu'en agissant sur lui de toutes ces manières, tant par ses qualités intemperées, par ses météores, que par les principes hètérogènes qu'il dissout, et par les alterations qu'il contracte, il lui communique les germes rèels de bien des maladies, ou les prèdispositions qui les font éclore. Il aporte aussi, outre les méfites et les miasmes, l'eau vaporeuse et le feu surabondant, dont il se charge ; ainsi que cet autre feu électrique, plus subtil et plus pénètrant encor, qui n'est pas, à beaucoup-près, un ingrèdient indifèrent dans la composition de l'air, considèré comme agent vivificateur et corrupteur de l'animalitè. À l'égard de ce dernier fluide, comme ingrèdient essentiel de l'atmosphère, la phisique, bien que riche en découvertes, spèculatives et de fait, n'est pas allè pourtant aussi loin que la Chimie, à l'ègard des autres élèmens de l'air, en ce qui concerne son influence dans le mècanisme de l'organisation. Jusqu'à ce qu'on sache comment et de quoi il se compose ; comment il agit et se comporte, dans l'ensemble de la masse animée, et dans chacun de ses sistèmes en particulier, le sanguin, le nerveux etc., on ne saura qu'imparfaitement la part qu'il peut avoir à son animation génèrale. Mais on en sait assès nèanmoins pour croire qu'il en est le principal agent ; qu'il est le premier intermède de cette excitabilité fi-

brillaire et élémentaire, qui perpetüe le mouvement et la sensation; qui etablit et propage entre tous ces organes, cette corrèlation de vitalitè
particuliere, d'où résulte le mècanisme gènèral
de l'animalitè. Et s'il ètoit permis de matèrialiser,
en quelque sorte, de spècifier le principe de vie
imprimé aux êtres organiques, ce seroit dans la
substance même de ce feu électrique, se compo-
sant et se dècomposant sans cesse, se communiquant et pénètrant partout, qu'il faudroit le chercher. Si ce n'est pas, si ce ne peut être même
une verité de fait, elle est au moins, comme verité thèorique, admissible et utilement aplicable,
non seulement dans la phisiologie, mais même
dans la pratique.

Tandis que les autres élémens de l'atmosphère, fournissent, chacun leur contingent, à l'entretien de la vitalité, celui-ci imprime à la masse entière le mouvement de la vie, dont il est le premier ressort. Ceux-là servent à l'aliment substan-
tiel du corps organisé, à sa dépuration perpètuel-
le; l'autre constitue l'âme materielle de l'organisation. Mais si tous ensemble, ils concourrent à
l'oeuvre de la santé, lorsqu'ils se trouvent dans
les proportions et avec les qualités réquises, tous
aussi contribuent à l'altèrer, à la detruire, lorsqu'ils pêchent de l'une ou l'autre manière. De
ces manières les unes sont permanentes, ou très
durables, et elles composent les vices, en quel-

que sorte constitutionels des climats, d'où dépendent les maladies endèmiques ou sporadiques. Les
autres ne sont que passagères, et elles donnent
naissance, ou seulement elles disposent, aux maladies accidentelles, stagionaires ou épidèmiques.

Or parmi les qualités morbeuses, *excessives*
ou *défectives*, dépendantes de la composition de
l'atmosphère, et de la nature de ses ingrèdiens,
nous avons surtout considéré les suivantes, dans
l'étude du climat de l'Italie: sçavoir les vicissitudes intemperées et les mutations météoriques, les
marées régulières et les variations accidentelles
de l'électricité aërienne, toujours corrèlatives aux
précèdentes; enfin les altérations méfitiques, mias-
meuses ou autres de l'atmosphére. Tout ce traité roule essentiellement sur ces trois points, et
ils ont été éxaminés sous tous les rapports. Cepandant, à l'egard du dernier, qui est le plus
essentiel, et celui qui distingue le plus le climat
de l'Italie des autres climats, nous avons crû
convenable d'ajouter, à la fin de ce volume, un
appendice, en faveur de ceux qui trouveroient,
que l'article du *mauvais air*, n'a pas été traité,
dans ce qui précède, d'une manière assès medi-
cale. Cet appendice servira d'ailleurs de résumé,
et en quelque sorte de complément, à un sujet
que l'on ne peut trop aprofondir, au risque
méme de tomber dans des répétitions.

CHAPITRE SEPTIÈME.

Récapitulation et conclusion sur le climat de l'Italie. Ses avantages génèraux de fécondité : ses inconvénients locaux et temporaires d'insalubrité. Causes de dépopulation qui lui sont propres : compensation de ces causes. Calculs sur ses dégrés moyens, respectifs, de chaleur et d'aquosité, desquels resulte sa température extrèmement variable. Influences bien reconnues, mais trop èxagerées du climat sur les moeurs .... Influences bien plus grandes encore, sur le caractére et le moeurs des nations, et de toutes les nations indistinctement, qu'exercent ces cataclismes politiques qu'on apelle révolutions.... Le naturel des habitans, dans les régions moyennes, dittes temperées, telles que celle-ci, se compose et se dèduit de celui des zônes extrèmes ; mais celui des Italiens offre plus d'analogie avec les Peuples du Midi et du Levant, qu'avec ceux de l'Occident et du Septentrion. Il doit en étre de même a l'égard des maladies ; celles du moins qui dèrivent du climat. Apendice sur celles qui lui sont les plus familières.

Avant de terminer ce que j'avois à dire sur le climat de l'Italie, et sur ses influences maladives, il me reste encore à faire quelques observations

explicatives et complèmentaires de ce qui préce-
cede. Si ce climat présente des inconvèniens du
côté de l'insalubrité, ils sont amplement com-
pensés par les avantages d'une grande fècondité. En effet, s'il étoit vrai, comme on le dit,
que le mauvais air seul des plâges et des plaines basses, coutat chaque année à la population,
de 40 a 50 mille âmes; s'il étoit vrai aussi que
les morts violentes, et les émigrations ou les dè-
tentions qui en sont les suites nécessaires, en-
levassent par an, de 20 à 25 mille individus, il
faudroit bien, pour que la population se soutint
à peu-près dans les mêmes proportions, que la
fécondité de l'espèce humaine y fut plus grande, que dans les pays où n'existent point, ou
presque point, ces deux causes de dépopulation,
particulières à l'Italie : et d'aprés les calculs de
leurs produits annuels, raprochés de ceux de la
population générale de cette derniere, il faudroit
que la compensation, en faveur de cette plus
grande fècondité, fut d'environ $\frac{1}{100}$; en supposant toutefois que les autres causes de mortalité
y fussent les mêmes.

Ce qu'il y a de certain, c'est qu'à raison de
sa surface quarrée, (evaluée en milles Gèomé-
triques, à 22500) l'Italie est la région la plus
peuplée de l'Europe. Selon les calculs les plus
rècens, sa population, y compris celle de ses
Isles, est de 17 a 18 millions : et cependant plus

d'un tiers de l'Italie, principalement des États de Naples et de Rome, pourroit comporter une population au moins double de celle qui existe. Mais en la considèrant dans son ensemble, on peut dire que si la grande population est un indice certain de prospèrité, l'Italie, entre toutes les contrées de l'Europe, doit etre placée, a cet egard, au premier rang. D'un autre côté, il faut considérer que par la proportion, infiniment plus grande, de ses montagnes, elle renferme beaucoup plus de terreins inhabitables et incultivables. Mais c'ést précisement cet ètat plus montueux, joint à la direction des chaînes, à l'exposition des bassins, qui favorisant l'irrigation et l'insolation, rend les plaines et les plâges plus fertiles, et par consequent plus susceptibles d'une grande population.

Dailleurs les mêmes causes qui produisent en Italie une végétation, à la fois, plus prècoce, plus active et plus durable, sont aussi celles qui influent à l'egard de la fècondité animale, ou du moins pour certaines espèces. Les femmes y sont plutôt et plus longtemps nubiles, et elles mettent a profit cet avantage de leur climat. Cependant la durée commune de la vie n'y est pas plus prolongée; et les résultats des calculs sur la vie moyenne, y sont à peu-prés semblables, s'ils ne sont même infèrieurs à ceux des pays moins favorisés du côté du climat. Du reste la masse des maux chroniques habituels, et surtout ceux d'origine virulente, m'a paru y être plus grande, que dans les climats ultramontains; et à tout prendre, la somme de la santé et de la vigueur, y est sensiblement moindre que dans ces derniers.

Mais faut il attribuer ces différences plutôt au genre de vie des habitans, et à l'incurie de leur santé, qu'aux defauts de leur climat, c'est a dire, à ses intempèries, si non plus fortes, au moins plus fréquentes, et principalement aux qualités annuellement, quoique passagérement mèphitiques, de l'atmosphère. Il paroit que chacune de ces deux dernieres causes, agissant separèment et bien differemment, dans les diverses règions de l'Italie, comme nous l'avons observé cy-dessus, elles y produisent, dans les maladies chroniques habituelles, et presqu'endèmiques, les mêmes différences que dans les maladies aigues. Par ces considèrations, et par d'autres semblables que la pratique suggère, il n'est peut-être pas de pays où la mèdecine locale, doîve être plus diffèrente qu'en Italie, considerée dans ses contrées particulières. Sur une aussi petite etendue, il est rare de voir des climats plus divers, que ceux qu'elle prèsente dans son ensemble.

Comprise entre le 37e et 46e degrès de latitude Septentrionale, entre le 25e et 36e degrès de longitude, l'Italie offre presqu'autant de climats que de degrés. A les juger par les produits de la végétation, par les espèces de végétaux propres à chaque région, et par les météores de la congellation habituelle ou passagère, on pourroit au moins établir 4 ou 5 climats très distincts. Ces différences tiennent non seulement aux degrés de leur latitude respective, mais encore à leur élevation au-dessus du niveau de la mer, et surtout à leur distance de cette dernière. Entre le 37e et 39e degrés, en Calabre et en Sicile, il est très rare que le thermomètre s'abaisse au-dessous de Zéro ; tandis qu'entre le 43e et 46e degré, principalement dans la partie supérieure de la Lombardie, il descend souvent au-dessous de 10 degrés du thermomètre ordinaire. Cette différence est énorme pour 3 ou 4 degrés de distance ; et elle s'observe également dans les productions de la terre, depuis le Sapin du Piémont, jusqu'au Palmier de la Calabre. Dans l'espace intermédiaire, la plus grande partie ne comporte pas même la culture de l'olivier, et le reste permet celle de toutes sortes d'*Agrumi* en plein champ. Mais la hauteur des lieux et leur exposition, produisent autant, et plus encore, ces différences que leur latitude. Partout l'air se refroidit à mésure qu'on s'éleve, et la congellation s'opère sur toutes les montagnes, en proportion de leur hauteur. Celle de l'Apennin, dans ses points les plus élevés, ne passe par 12 a 13 cent toises, et celle des Alpes va jusqu'a 2400 toises. Dans les degrés de hauteur moyenne de ces deux chaînes montueuses, la première est en général, par rapport à l'autre, dans la proportion de 1 à 2. Mais cette proportion n'existe pas la même dans leurs météores respectifs; dans ceux de volcanisation atmosphèrique, de congellation, de rarèfaction venteuse etc... Ils sont les uns et les autres sur une èchelle infiniment plus grande, dans les Alpes que dans les Apennins.

Cependant il arrive quelquefois que les neiges commencent par ces dernières, comme on l'a observé, par exemple, en 1785, et dans l'hyver de 1792 à 1793. Alors on dit qu'elles sont aportèes par les vents de mer, c'est à dire, par ceux du Midi. Mais, pour l'ordinaire, elles commencent du côte des Alpes, et sont produites par les vents du Nord, celui du Mistral surtout: et alors elles sont plus précoces, plus abondantes et plus durables, que celles qui viennent par le côté de la Mer. Cette double origine apparente de la neige, est plus remarquable en Italie que partout ailleurs, à cause de la proximité des deux chaînes Alpines et Apennines, entre elles; à cause aussi de leur position parallèle, et collatèrale aux mers Mediteranée et Adriatique. Mais il ne faut pas croire que les vents provenants de ces derniéres, et tenants plus ou moins à ceux du Midi, soient propres par eux-mêmes à la production de la neige. Le concours des vents du Nord y est toujours nécessaire : et selon que leur mèlange, selon que la dominance des uns sur les autres, s'operent ou vers le bassin des mers, ou vers les chaines des montagnes, la congellation commence sur les Apennins ou sur les Alpes. Ce concours des vents opposès paroit egalement nécessaire dans les congellations des orages atmosphèriques, sous la forme de grêle ; et il est à croire, d'après les exemples de congellations artificielles, operées par le moyen de l'électricité, que l'intervention de ce fluide a une grande part dans la formation de la neige et de la grêle. Mais jusqu'à present on ne sçait pas si c'est par lui-même immèdiatement, ou bien comme intermède de combinaisons aëriformes, qu'il produit ces resultats.

On ignore de même si les vents du Midi, ètant plus chargés de principes inflammables, carbon ou *hydrogéne*, et ceux du Nord plus riches en *oxygène*, il ne s'opère pas, par leur mèlange, et au moyen peut-etre d'une plus forte électrisation, resultant de ce dernier, des combinaisons nouvelles favorables au mecanisme des congellations. Si les partisans de la composition et de la dècomposition de l'eau, dans l'atmosphère, ont pu supposer que, par l'intervention des trois fluides aëriens prècèdens, il se forme de l'eau dans les incandescences atmosphèriques, en avançant que les pluies d'orages sont le resultat d'une composition nouvelle, on pourroit aussi suposer que, dans les congellations de l'atmosphére, il s'opère ègalement des compositions instantanées d'eau en air, et d'air en eau : et comme dans cette doctrine chimique, la cause du dèvelopement de la chaleur et celle de l'incandescence, ne consistent que dans la prècipitation, et non dans la surabondance du principe, apellé calorique, on pourroit croire de même, que la cause du refroidissement et de la congellation, tient à des combinaisons extemporanées de ce principe, et non à son defaut. D'où il résulteroit, que l'existence du chaud et du froid ne reconnoitroit pour cause, que des môdes relatifs et passagers dans les opèrations de l'atmosphère, dont il s'agit ici.

Quoiqu'il en soit, ce qui semble prouver que l'intervention du principe de chaleur est favorable à la congellation, c'est, d'une part, que l'eau et les vapeurs aqueuses prècedemment èchauffées, soit par le Soleil, soit par le feu ordinaire, sont plus susceptibles de se concrêtre en gelée ; et que, d'autre part, on observe toujours que l'apparition de la neige est prècèdée d'un radoucissement de l'air, ou de bouffées de chaleur, mèsurable au thermométre ; bien que dans le même temps on èprouve en soi un sentiment de froid plus considerable. On observe aussi que cet air chaud, prècurseur de la neige, est pour l'ordinaire accompagné d'un accroîssement de sècheresce, à en juger par les hygromètres, tandis que la chaleur qui précede et amène les dégels, est au contraire plus humide. Enfin de même que le froid seul ne suffit pas pour produire la neige, de même aussi la chaleur du soleil ne suffit pas pour la fondre.

On voit souvent la dominance instantanée des vents du Nord sur ceux du Midi, produire la congellation de l'eau en neige. Mais il faut une supériorité plus durable des vents du Midi sur ceux du Nord, pour la faire disparoitre, soit par evaporation, soit par liquèfaction. Les veritables dègels, dans les parties un peu abondantes en neige, ne s'opèrent jamais que par ce qu'on apelle le *sciroc*; et l'on entend par là vulgairement, toute disposition chaude et humide de l'atmosphère, accompagnée pour l'ordinaire d'une èvaporation terrestre halitueuse, qui, peut-être, contribue plus encore à la fonte de la neige, que la tempèrature même de l'air. Cette disposition *scirocale*, qui subsiste lors-même qu'il n'y a aucune ventilation sensible dans l'atmosphère, correspondant presque toujours avec les points lunaires les plus forts, amène souvent, par les mètèores aqueux qu'elle produit, des bouffées boréales très rapides, dont les effets sont tout-opposés à ceux du sciroc. C'est là une des principales causes des intempèries d'hivers en Italie, où le froid, quoique moindre, est veritablement plus sensible qu'ailleurs; comme aussi les combats des vents contraires, tant sur mer que dans l'atmosphère, y sont plus remarquables, par les raisons detaillées cy-dessus.

Mais indèpendamment des causes gènèrales de ces coups de vents extraordinaires, dont les uns tiennent a une insolation forte, et reverberée sur les monts de glâces, d'autres au voisinage de la mer et des montagnes, ou bien encore au concours des causes cosmiques, il est aussi des causes particulières ou locales, qu'il ne faut pas mèconnoître. On observe souvent que les vents extèrieurs ne sont pas la cause des tempétes de mer: et l'on est autorisé à conclure que, dans le sein même de cet élément, il se produit des mètèores locaux, des courrans d'air ou d'autres fluides èlastiques, capables, seuls d'opérer les grands effets, que l'aspect du rivage présente si frequemment. Quelquefois il èxiste des marées furieuses avec le calme de l'atmosphère. D'autrefois au contraire, avec des vents impètueux, on observe la bonasse de la mer: et ce dernier ètat n'est pas incompatible avec les plus fortes mareés, dans les mêmes regions. Mais pour l'ordinaire, les éruptions venteuses de la mer se communiquent bientot, et se combinent souvent, avec le trouble de l'atmosphère. Dans les oráges et les ouragans surtout, cette correspondance est trés remarquable. J'ai eu occasion de l'observer bien des fois, dans le golfe de Naples principalement, lequel traversé par deux grands corps de mines, charbonneuses et piriteuses, qui alimentent ses deux volcans, est par cela même plus sujet aux météores de cet ordre, attendu la rèunion des deux forces électriques, aërienne et sousmarine.

J'ai vû plusieurs fois ces ouragans, moitié atmosphériques et moitié maritimes, circonscrits à l'enceinte montueuse, qui forme le golfe, et au trajet des mines qui se répartissent a ses foyers volcaniques: foyers qui ne communiquant point entre eux, ni avec la Ville de Naples, comme on le suppose, laissent cette Capitale éxempte de tout danger des éruptions, dont on la croit menacée. Mais elle doit en partie a leur voisinage, la fréquence des météores orâgeux et venteux qu'elle éprouve, sans que cela altère toutefois la salubrité de son climat. Il est à croire cependant, qu'à d'autres égards, ici, comme dans toutes les parties de l'Italie Méridionale, si abondante en mines, cette cause influe sur les qualités de l'air respirable, ainsi que sur la formation des météores, soit comme moyen puissamment excitateur de l'électricité ambiante, soit comme interméde générateur de toutes sortes de fluides aëriformes. On a vû dejà notre opinion, ou plutôt nos conjectures relativement à cette cause intérieure ou souterraine. (*V. Mem. d'Electrometrie minérale etc.*)

Parmi les causes extérieures, capables de modifier essentiellement les qualités de l' atmosphére, nous avons aussi consideré le vent sciroc, et principalement le sciroc d' été, dont les effets sont bien different de ceux du sciroc d' hiver. C'est, comme nous l'avons dit, un veritable flèau pour l'Italie, et principalement pour l'Italie Méridionale. Il est remarquable que dans cette dernière partie, même avec l'ardeur brulante d'un tel météore, la chaleur réele, mésurable au thermomêtre, ne s'éleve guéres au delà du 25e dégré. C'est en effet une chose extraordinaire de le voir au 30e, dans les plus fortes chaleurs de l'été; tandis que dans plusieurs provinces de France et même à Paris, il n'est pas trés rare de l'observer à ces mêmes degrés. Cependant les effets et les impressions de la chaleur ne sont pas, à beaucoup près, les mêmes dans ces deux climats. Ces différences proviennent et de sa longue durée en Italie, et de ses combinaisons diverses avec d'autres élèmens. Le sciroc d'été surtout est l'agent de ces combinaisons. Il est nuisible à la santé, par ses qualités aggrégatives, en produisant sur tout le monde, les effets d' accablement, d'*incapacité*, et de courbature; les désordres et les tiraillemens de nerfs, que les météores orâgeux les plus forts, produisent dans certains individus. Mais il contribue beaucoup aussi à l'alteration de l'atmosphére dans ses qualités chimiques, comme le prouve l'expérience de ses effets, tant sur les corps vivans, que sur leurs débris : et c'est pour cela qu'il devient une des principales causes de la génèration du méphitisme, dans les lieux bas et humides, où son influence est directe. Cette influence est plus sensible encore, soit comme intempérie etouffante et énervante, soit comme insalubrité méphitique et putréfiante, dans certains lieux de son domaine, que dans d'autres; par exemple, sur les côtes de la Sicile et de la Calabre; sur la campagne de Rome, sur les maremmes de Toscane etc.

Elle devient funeste même à la végétation, sur une grande partie du littoral de l'Italie, dans les années où ce vent Affricain domine par sa fréquence et sa durée. Il porte avec lui dans l'atmosphère un principe de desséchement et de brulure, destructeur de l'organisation, lors-même que l'air paroit pourvu d'une humidité suffisante et peut-être surabondante. C'est ce qui a fait dire, avec raison, à M. *Toaldo* que dans certaines constitutions, il existe dans l'air, un principe élémentaire, rèelement gènèrateur de la sècheresse, et nullement dèpendant d'un defaut d'humidité. Il cite surtout l'exemple de l'année 1784, dont l'influence fut essentiellement sèche et brulante, malgré tous les signes apparens de l'humidité atmosphèrique coëxistante. Il l'attribue à un reste du brouillard électrique de 1783, non encore totalement dissout et dissipé; lequel, à la suite des forts et nombreux tremblemens de terre de cette même année, avoit donné lieu à des orâges et à des congellations extraordinaires, dans une partie de l'Europe. Or tout porte à croire, que la surabondance de la matière électrique, dans l'atmosphère, a été la principale cause de tous ces phoenomènes: et sous ce rapport, il deviendroit de plus en plus vraisemblable, comme nous l'avons dejà dit, que le principe gènèrateur du chaud, du froid et de la sécheresse, dans l'atmosphère, tient à des combinaisons peu différentes, et facilement transmutables des mêmes élèmens. C'est aussi ce qu'enseignent les experiences toutes recentes, relatives à la composition artificielle des substances gâzeuses ou salines, et à leur transmutation reciproque; bien que ces expèriences ne soient pas encore parvenues au point de spècifier le môde de ces combinaisons diverses, des gâz en sels et des sels en gâz.

Mais si nèanmoins on peut conclure, tant des expériences chimiques particulières, que des observations mètèorologiques en gènéral, que le fluide electrique joüe un grand role dans la production de ces mixtes aëriformes, desquels dependent, dans les règions de l'atmosphère, les qualités passagères ou durables, de la chaleur, de la sécheresse, du refroidissement etc., on pourra conclure aussi, que l'Italie rèunissant, dans son

enceinte, des causes plus puissantes et plus nombreuses d'électricité, soit souterraine, soit atmosphérique, doit par cela même présenter, et des
vicissitudes plus frequentes, et une plus grande
intensité dans ses diverses qualités, constitutives
de son climat, et génératrices de ses météores.

Elle réunit d'ailleurs les conditions les plus
favorables à une abondante evaporation, et à une
chûte d'eau plus considerable; deux circonstances
qui favorisent encore, entre la terre et l'atmosphère, la circulation de la matière électrique. En
général, la quantité de la pluie est en raison directe du voisinage des hautes montagnes, et des
vallées profondes; et en même temps aussi en raison réciproque de la distance des mers. Or l'Italie étant à la fois, dans la plus grande partie de
son étendue, montueuse au-dedans et maritime
au-dehors, il n'est pas etonnant qu'elle soit sujette à une grande abondance de pluie, et à d'autres météores aqueux. Mais la pluie surtout y est
très inégalement répartie, et pour les lieux et pour
les saisons. Sur la plus grande partie des côtes,
il ne pleut guère que 2 à 3 mois chaque année;
et la quantité ordinaire de pluie est de 25 a 32
pouces, par exemple à Naples, à Rome, en Toscane etc.... Dans la partie septentrionale, et principalement en Lombardie, la pluie est plus durable, et beaucoup plus abondante. Sur la pente septentrionale des Apennins, dans le Mode-

nois, et sur la pente mèridionale des Alpes, dans le Frioul, il pleut plus qu'en aucun autre lieu de l'Italie. Dans quelques endroits de ces deux pentes, sur la Lombardie, on a vu la quantité de la pluie s'élever jusqu'à 100 pouces, dans une année; mais ce sont des cas extraordinaires. À Paris et dans la plupart des provinces de l'intérieur de la France, la quantité moyene est de 17 a 20 pouces, cependant il y pleut souvent plus de la moitié de l'année.

Quant à la mesure de l'évaporation annuelle en France, et en gènèral dans les pays transalpins, qui lui sont contigus, elle est évaluée à 35 pouces; tandis qu'en Italie elle s'éleve a 70 pouces; ce qui fait le double : comme il y a aussi à peu-près le double, dans la quantité moyenne de la pluie annuelle en Italie. Mais comme cette quantité double de pluie ne fait encore guères que la moitié de l'eau élevée par l'évaporation, il faut bien que le surplus se dèpose à mèsure, et se prècipite sous d'autres formes; puisqu'il est connu, par des expèriences hygromètriques, que l'air ne peut se charger que d'une certaine quantité d'eau (le quart ou le tiers au plus); et qu'au delà de ce point de saturation, l'atmosphère se dècharge constamment, sous telles ou telles formes connues de mètèores aqueux. Ainsi, outre la pluie, ces derniers doivent être plus forts et plus abondants en Italie, pour conserver l'équilibre entre l'evaporation, et la précipitation de l'humidité atmosphèrique.

Tel est encore un des caractères distinctifs du climat de l'Italie: et si l'on ajoute à cette plus grande humidité constitutionelle, les autres qualités dominantes de l'atmosphère, prècèdemment ènoncées, on concevra les vicissitudes frèquentes et les intempèries passagères de ce climat; intempèries et vicissitudes, qui, par leur mobilité, par leur succession rapide, se corrigeant et se modifiant rèciproquement, n'ont pas le temps de faire sur les corps des impressions profondes et durables. Il rèsulte enfin de cet ensemble de causes une nature de climat, qui malgré ses dèfauts et ses excés, est encore de toute l'Europe un des pays, si non le plus sain, du moins le plus agrèable à habiter.

Mais il ne faut pas croire que l'action des climats, sur ceux qui les habitent, ne tienne qu'aux qualités sensibles de l'atmosphère, à sa tempèrature, à son aquosité, à ses mètèores etc.: elle tient aussi à des qualités occultes, ou indiscernables, à des mèlanges d'autres élémens invisibles, insaisissables par tous les instrumens, même par les Eudiométres les plus parfaits. Ces derniers ne dènotent au plus que la pureté relative du mixte aërien respirable; mais non les proportions ni l'état du principe igné, du fluide èlectrique, rèpandus dans l'air. En respirant cet élè.

ment de la vie, diversement composé ou modifié dans chaque climat, on sent une odeur, un gout, des saveurs qui varient sensiblement. Le corps même exhale et absorbe d'autres vapeurs, d'autres fluides. Il a une émanation particulière, caractèristique, d'autant plus remarquable que tel climat éprouve moins de vicissitudes. Ce n'est pas seulement par des exhalaisons sensibles de la terre, par celle des plantes, des eaux, des plâges ou des marais, que se compose et se diversifie cet état particulier de l'atmosphère. Des ingrèdiens plus subtiles, ceux du feu, de la lumière, et de l'électricité, influent plus que tous les autres, sur la composition plus ou moins *vitale* de l'atmosphère, sur *l'être* qui constitue sa vivacité ou sa torpeur, sa tonicité ou sa molesse etc.; toutes qualités que l'on sent mieux que l'on ne peut les dèfinir.

Il existe surtout un contraste très frapant, entre les habitans des règions littorales, et ceux des règions alpestres. Ceux-ci placés, pour ainsi dire, aux premiers ètages du glóbe, vivans entre le ciel et la terre, sur des rochers arides sans stérilité, plus humectés par la succession des mètéores, que par l'eau en masse, reçoivent les rayons du soleil, les effets de la lumière et du calorique, dans toute leur puretè, et sans mèlange de *phlogistique* ou de carbon. Ils reçoivent tous les môdes, tous les dégrés de la ventilation, sans mélange des exhalaisons fangeuses, des miasmes putrides et vermineux, produits ordinaires des régions basses et marècageuses. Aussi voit-on que ces habitans fortunés, respirant un élément confortateur sans apreté, sans acreté ; vivifiant sans consumer, sans trop èchaufer ; purgeant et ventillant le corps sans le stimuler à l'excès, sans l'affoiblir, sont assujettis à moins d'infirmités. On observe chez eux cet équilibre, si desirable, des facultés phisiques entre elles, et de celles-ci avec les morales. Exempts des convulsions du corps et de l'âme, ils jouissent de cette modèration si prètieuse, qui les tient ègalement èloignès des passions fougueuses, des desirs ardens, des espèrances trompeuses, des excès de l'ambition etc. Leurs pensées, leurs mouvemens, leurs inclinations naturelles, sont, en quelque sorte, analogues à la pureté, à la sérénité de l'air qui les pènétre et les nourrit. Et quand bien même il ne seroit pas vrai de dire (comme les faits pourtant semblent le prouver) que la durée moyenne de leur vie est près de $\frac{1}{3}$ plus longue, que parmi les habitants des règions basses, il est certain que, pour les autres, l'èxistence est plus heureuse, plus remplie de vraies jouissances, sous les rapports phisiques de l'animalité. Il est certain enfin, que dans les règions élevées, l'espèce humaine, comme celle des animaux, sont moins assujetties à ces époques dèsastreuses, des constitutions épidamiques et pestilentielles, qui de temps en temps viennent dépeupler les contrées inférieures, et principalement les contrées littorales, dans les pays chauds.

D'après ce qu'on lit dans *Juvenal* et dans *Horace*, les pays qu'arrose le Tibre, étoient autrefois plus froids, qu'ils ne le sont aujourd'huy. Les parties à-present couvertes de marécages, étoient alors en pleine culture, et impunément habitées de partout : ce qui prouve qu'elles étoient bien moins malsaines, qu'elles ne le sont devenües depuis. Comparez aussi le littoral et les lagunes de Venise à la Hollande. Ces pays recouverts aujourd'huy de prairies basses et aquatiques, de toutes sortes de cultures fangeuses et boisées, ne présentoient jadis que des plages sableuses, arides et incultes, au milieu des eaux. Leurs habitans alors uniquement livrés à la pêche, à la chasse et à la navigation, étoient plus robustes et moins sujets aux maladies dépendantes des constitutions de l'atmosphère ; constitutions incessamment variables et nécessairement subordonnées aux exhalaisons de la superficie, aux degrés de l'insolation, et à la dominance de telle ventilation. Combien d'autres exemples on pourroit citer, de changemens survenus dans la salubrité de la même région, passant de la dépopulation à l'habitation, et reciproquement. Il en est qu'il faut embélir et sanifier, à force de culture et de fécondité ; d'autres auxquelles il convient de laisser l'état agreste et sauvage de la nature. L'air correspond, plus qu'on ne croit, aux localités terrestres de la superficie.

Que les maladies populaires, endèmiques ou épidèmiques, soient le produit des altèrations de l'atmosphère, c'est une verité dont les preuves éxistent dans les fastes des premiers âges de la Médecine; dans les premiers dèlinèamens historiques de la Mètèorologie, apliquée à cet art. On en trouve quelques fragmens dans les descriptions de *Tucidide*, de *Diodore* de Sicile etc. Mais il étoit reservé à *Hyppocrate*, de jetter les vrais fondemens de cette sçience Mètèoro-Pathologique, dans ses écrits sur les *Epidèmies*: sçience qui depuis, fut trop negligée par ses successeurs. Mais vers la fin du dernier siècle, et dans toute la durée de celui-ci, on n'a cessè de faire des observations, de receuillir des matèriaux, pour l'étendre, pour l'éclairer de plus en plus; pour prouver enfin, qu'à la diversité, à la succession, à l'extravagance des constitutions atmosfèriques, correspondent les vicissitudes morbeuses gènèrales, les epidèmies des populations entières.

Toutefois, malgrès tant de recherches, qui ont eu pour objet la confrontation des faits mètèoriques, et des maux epidèmiques, dans les diffèrens temps, comme dans les différens pays, on n'est pas encore, à beaucoup près, venu à bout de former un systéme de Medecine, rationelle et pratique, qui puisse servir de regle dans des cas semblables. On ignore, ou du moins l'on ne sait que très imparfaitement, jusqu'à quel point les altèrations phisiques de l'atmosphère, dans ses qualités aggrègatives et variables, de sècheresse ou d'humidité; de pèsanteur ou d'elasticité; de chaleur ou de froid; agitée par telle ou telle ventilation, coopèrent à la production de telle maladie, separément ou conjointement, avec les altèrations proprement chimiques et materielles de sa masse entiere; avec les ingrèdiens hètèrogènes, qui s'y mêlent. L'on ignore de même souvent, sur quels systémes d'organes ou d'humeurs, sur quelles fonctions, rèagissent chacunes de ces altèrations, intrinsèques ou aggrègatives de l'air : altèrations, dont les unes retardent ou accèlèrent à l'excès la circulation du sang; favorisent ou empêchent l'animalisation des humeurs sècrètoires; coagulent ou dissolvent la limphe; accroîssent ou diminuent le ton de la fibre etc.

À tous ces égards, il ne faut pourtant jamais perdre de vüe, que, si aux constitutions de l'atmosphère, vitiée dans ses qualités aggrègatives, par l'extravagance des saisons, avec une certaine permanence, se joignent les émanations terrestres, soit des eaux croupissantes, soit des cadavres amoncelés, c'est alors qu'on voit se dèveloper, avec plus ou moins de rapidité, des germes mèfitiques et contagieux: germes qui, pour l'ordinaire, se sont formès lentement, et qui, selon leurs degrès d'activité, ou selon les prèdispositions des individus, dèpendantes de la constitution même de l'atmosphère, donnent naissance à des maladies épidèmiques ou pestilentielles. Or ces germes, une fois dissèminés dans l'atmosphère, ne peuvent être changès, ou dètruits tout-à-fait, que lorsqu'il survient des changemens très considèrables dans les conditions de l'air: changemens qui le ramènent toujours difficilement à sa première pureté. Ainsi c'est à ces conditions de l'atmosphère, profondement et durablement vitié, dans une ou plusieurs de ses qualités phisiques et aggrègatives, que tiennent les prédispositions des hommes, qui le respirent, qui le mangent, à recevoir la fièvre ou telle autre impression maladive: mais c'est toujours aux germes mèfitiques ou miasmeux, qu'il apartient d'opèrer l'inoculation propre de telle ou telle sorte de fièvre.

Ce n'est donc pas assez, pour l'étude des climats, pour la science des épidèmies, d'éxecuter, comme l'a fait M. *Retz*, un plan de classification, en deux sèries d'observations; l'une sur les variations de l'atmosphère; l'autre sur les maladies règnantes: ce n'est pas assez de prouver que, de ce concours d'observations il resulte, que les épidèmies proviennent toujours des

changemens de l'atmosphère, puisque ces épidémies suivent à peu-près les périodes correspondantes aux variations de l'air. Il faudroit encore
avoir un *criterium* capable de faire discerner, dans
les fièvres de constitutions, celles qui dérivent
de telles qualités intempérées, ou de telles qualités mèfitisées, de l'atmosphère; celles dont
l'origine se trouve dans la combinaison de ces
qualités indigènes, ou propres à telle atmosphère, à tel pays, et celles qui proviennent des germes éxotiques, ou étrangers à telles contrées.
Hyppocrate blâme les pays qui sont sujets à des
fréquentes vicissitudes de l'air: mais ce doit être
surtout dans ceux, où elles ne sont que temporaires, c. à d. de quelques parties de saison seulement; et plus encore lorsqu'à cela se joint le
mélange des exhalaisons de la superficie, trop
aquatique et corrompue, celle des marais, des
lacs stagnans, des risières, du roüissage etc. Il
ajoute encore le mélange des ventilations proprement scirocales, lesquelles en tous pays, excepté
dans ceux de montagnes, ouvertes aux vents du
Nord et de l'Est, produisent non seulement les
effets de l'hèbètement, de la langueur etc., mais
encore ceux de la turgescence et de la corruption
des humeurs. Ce mètèore venteux, dèsigné jadis
chez les *Grecs*, les *Arabes*, et les *Latins*, par
des noms qui expriment la malfaisance, possède
à lui-seul, et dans son état de pureté, une par-

tie des qualités propres aux effluves méñitiques paludeux ; et lorsqu'il se combine avec ceux-ci, sur les plâges et dans les plaines marècageuses, ses effets sont decuplés ; surtout lorsqu'il n'est point corrigé par les marées alternatives et Borèales, directes ou refléchies, de l'atmosphère, comme cela arrive dans les monts et les vallées. Mais si, dans ces dernières, dont l'air est dejà humide et grossier par lui-même, se joignent aux exhalaisons des marais, les insolations Scirocales et les ventilations Borèales, alternativement, c'est alors que, par les effets combinès de l'astènicité des organes et de la viscosité des humeurs, on observe chez les habitans, outre la stupidité et l'imbècillité, une sorte de cachexie endèmique, ou de scorbut chronique ; au lieu des fièvres malignes, èpidèmiques et stagionaires, propres aux règions littorales, marècageuses et australes.

Mais à ces considèrations sur les différences, qui existent de règion à règion, de population à population, dans la même nation, quant à la *Sanité*, à la vigueur, à la longèvité des habitans, il faut joindre aussi celles de la différence, plus remarquable encore, que l'on observe par raport aux Nations des continens très eloignés. Voiez ce que dit *Hyppocrate* des habitans de l'Asie et de l'Europe. Ceux-ci sont plus actifs et plus belliqueux : ceux-là plus beaux, plus calmes, plus heureux. Il semble que, dans un climat, sujet à de plus fortes, si non à de plus frèquentes vicissitudes d'intempérie, le corps acquiert, comme par une espèce de trempe, plus de ressort et plus de courrage. C'est à l'action de ces variables tempèratures du ciel, et aux frèquens retours des vents, qu'*Hyppocrate* attribuoit la constitution athlétique des Européens; tandis qu'il faisoit dèriver du calme de l'atmosphere, et du cours règulier des saisons, la molesse, la timidité et le penchant à l'oisiveté des Asiatiques.

Tant que l'harmonie de l'atmosphère, et par consèquent celle de l'oeconomie animale, ne sont troublés que par des intempèries venteuses; par des vicissitudes legères dans la tempèrature, et dans les degrès passagers de l'humidité, les affections phisiques et maladives, qui en rèsultent, ne semblent pas porter des atteintes profondes et destructives de l'organisation. Il est même beaucoup d'exemples, outre ceux que l'on vient de voir, qui prouvent que, dans les règions très intemperées, ces perpètuelles et fortes vicissitudes, de ventilation et de tempèrature, lorsqu'elles sont éxemptes de la *contamination* de l'air, par des miasmes éxotiques, communiquent aux habitans, qui y sont accoutumès, une trempe plus robuste, une âme plus énergique. Cela doit s'expliquer, non seulement par l'effet en quelque sorte mècanique de la pression et de la force d'impulsion, qu'éxerce l'air, à raison de sa vitesse et de sa densité, comme aussi de son ressort, rèagissant sur l'air intérieur, toujours pret à se dègager: mais cela dèpend aussi des combinaisons que cet air atmosphèrique éprouve et fait éprouver, comme aliment, comme agent de la respiration, de la sanguification, de la ventilation dètersive etc.

Au surplus, pour se convaincre davantage de l'empire des climats, il suffit de voir les changemens, qui s'opèrent avec le temps, et souvent en très peu de temps, parmi les hommes transplantés en masse, dans des règions très eloignées et très diverses de celles qui les ont vu naître. Les grandes émigrations, les invasions faites par les nations guerrières, d'un hèmisphère à l'autre, nous fournissent des exemples frapans de ces dègénèrations nationales.

Parmi les impressions fortes et presque instantanées, que communique le passage d'un climat dans un autre, nulle n'est plus remarquable, peut-être, que celle qu'on ressent, lorsqu' en venant des pays Transalpins, de la France, de la Suisse, et de l'Allemagne, on franchit la haute chaîne des montagnes pour arriver en Italie. De tous les points de ces sommets, l'action nouvelle de l'atmosphère, celle d'une lumière plus vive, l'aspect de l'horison, et surtout de la vaste étendüe de la Lombardie, font éprouver des sensations indèfinissables. De même en passant de

l'Italie Septentrionale á la Mèridionale, lorsqu'
on est parvenu aux sommités des Apennins, l'aspect de la marine, plus vaste encore que le prè-
cèdent, et la tempèrature sensiblement plus douce, communiquent au corps et à l'âme d'autres
impressions. Dans toutes ces positions, en quelque sorte amphitêatrales, à mèsure que l'on marche, la tempèrature change, et plus encore le
degré de la condensation et de la rarèfaction de
l'atmosphère; deux qualités majeures dans l'èva-
luation de ses effets sur le corps humain. Aussi
en parcourrant l'espace de quelques milles, dans
ces contrées montueuses, à l'aspect du Midi surtout, on se croit dans des climats tout-a-fait diffèrens. Mais aux aproches et tout le long du
littoral de la mer, la tempèrature est infiniment
plus douce et plus égale. Les *Rivières* et les *co-
stiéres* abritées, celles du Royaume de Naples principalement, jouissent d'un printems perpètuel;
et ce seroit un paradis terrestre, si pendant une
partie de l'année, cette jouissance n'etoit pas trou-
blée, dans beaucoup d'endroits, par l'influence
du mauvais air, et dans presque tous, par celle
du sciroc. Partout où règne le premier, malgré
la pureté apparente et la sèrènité de l'atmosphère, il m'a paru que les organes vitaux, et principalement ceux de la respiration, en ètoient promptement affectés. Avec plus de pèsanteur, il a
moins de ressort, à juger ces qualités, non par

les instrumens aërostatiques ou barométriques, mais par leurs effets sur tous les muscles du corps. Dans ces lieux aussi, un autre indice non moins constant, est une surabondance d'insectes, ou rampans ou voltigeans, progènitures ordinaires du méphitisme putrèfactif. En gènèral toutes les règions basses de l'Italie, même celles qui ne sont pas dècidément infectées du mauvais air, regorgent d'une partie de ces insectes champêtres, auxquels il faut ajouter la foule des insectes domestiques: et cela seul est un veritable flèau pour les voyageurs. Mais dans les contrées plus élevées et mieux ventillées, on retrouve à cet égard plus de propreté et de repos. On y retrouve aussi, avec un air plus frais et plus pur, un meilleur sommeil, un meilleur appètit et plus de forces.

Pour peu que l'on ait voyagè dans des climats diffèrens, on connoit les affections *sensitives*, les impressions diverses, qui resultent, non seulement de la tempèrature, mais de la constitution de l'air. Ces affections produisent dans les organes, tantôt du plaisir, tantôt du malaise, suivant l'ètat de ces organes, et à raison de l'inhabitude. On sent par les battemens du coeur, par la respiration, par les idées même, enfin par tous les symptomes de son être, l'air qui convient et celui qui ne convient pas. La vüe d'un beau ciel produit sur les sens un effet indèfinissable.

L'aspect d'un soleil radieux, la fraicheur douce d'une belle nuit, bien etoilée, (indices certains d'un air pur et vierge) raniment et recréent l'homme. Dans cet état fortuné tout est jouissance pour lui: heureux de sa propre existence, il semble porter sur tout ce qui l'environne, le bonheur dont il jouit. Il sent à chaque instant les feux d'une nouvelle vie; d'une vie pleine et expansive.

Au contraire, dans les climats sujets à de frequentes et fortes vicissitudes, à des intempèries continuelles, l'existence offre toujours quelques côtés pènibles. Le propre de ces vicissitudes très intempèrées, est d'attaquer la santé, et de causer aux hommes qui y sont assujettis, un mal-aise universel. Les frimats et les orâges sont de veritables maladies du glôbe; mais des maladies qui, tenant à l'ordre constant de la nature, à la marche règulière des saisons, doivent être regardées comme des crises nècessaires, et même salutaires à d'autres égards. Heureux les pays qui en èprouvent le moins possible, et à qui ces crises mèteoriques ne sont pas utiles, ou qui, profitant de celles qui se passent ailleurs, jouissent, loin du tumulte des èlèmens, du calme, de la sèrènitè et de la salubrité de l'atmosphère. Dans ces pays privilègiès l'existence est un bienfait continuel, au milieu même des privations. Elle est centuple de celle qu'eprouvent les habitants des climats disgraciès, où toutes les autres jouissances sont alterées par cela seul .

C'est surtout dans quelques parties mèridionales de l'Italie, et notamment dans la grande Grêce, qu'un habitant du Nord aperçoit cette ènorme diffèrence : il se croit, pour ainsi dire, transporté dans un autre monde. Mais ce qui ajoute
encore aux sensations dèlicieuses qu'on y èprouve, ce sont, d'une part, la beauté et la grandeur des aspects, dont on y est environné, et
de l'autre, le souvenir de ce que furent autrefois ces belles contrées; souvenir qui, raproché
de leur état actuel , présente un contraste frappant et bien affligeant, sous tous les raports de
population , de civilisation etc .

En gènèral l'Italie est la région des beaux
paysages; ils y sont plus riches, plus variés, plus
pittoresques, que partout ailleurs . Les montagnes
mémes y ont une autre phisionomie; elles y sont
plus bouleversées, plus dèchirées, plus dècrèpites; soit par l'effet des volcans et des tremblemens de terre; soit par ceux des inondations et
des mètèores atmosphèriques de tout genre. L'aspect confus, irrègulier et dèsastreux de ces hautes chaînes, contrastant avec les vallées couvertes
des plus riches cultures, avec des mers parsemées
d'isles, forme partout des prespectives ravissantes : partout la nature y est en mouvement; et
le ciel plus èclairè, plus transparent, embellit en-

core les objets. C'est ce qui a fait dire à un voyageur entousiaste " que la lune du Royaume de ,, Naples surpasse en beauté le soleil du Royaume de France ,,. C'est aussi sans doute un tel spectacle habituel, qui a fait de l'Italie, le thèatre des arts de gout, le sèjour des talens de l'imagination, la peinture, la poesie, la musique etc. On ne peut d'ailleurs lui contester d'avoir été le pays des hèros, c'est a dire, des grands hommes dans tous les genres.

On a dit que le caractère des Italieus est analogue à leur climat. Et pour expliquer cette assertion inexplicable, quoique peut-etre vraie, on a ajouté, que la juste proportion entre les extrèmes, qui s'observe dans les qualités constitutives de l'air, et de sa tempèrature, èxiste de même dans les facultès morales individuelles, ainsi que dans les vertus sociales et politiques, qui composent la caractère privé et public des Italiens. Parmi les nations que l'on a données comme preuve de cette correspondance, on a cité entre autres, l'exemple des Arabes et des autres peuples mèridionaux, qui vivent près de l'èquateur. Sous un ciel constant, ou du moins sujet à infiniment peu de variations, ils sont invariables dans leurs moeurs, dans leurs loix, dans leurs usages, depuis 4 mille ans: tandis que de siècle en siècle, on voit changer, à tous ces égards, les nations qui habitent des climats sujets à de grandes variations de mètéores.... L'uniformité et la constance des Castillans, dans leurs moeurs, tient, dit-on, à la régularité, et, pour ainsi dire, à la monotomie de leur climat.... *Vitruve* a dit qu'à raison de l'heureuse position du pays qu'ils habitent, les Italiens doivent être les plus prudents, les plus sages et les plus capables de gouverner... *regali nobilitate praefulgidi..., legibus et giustitia insignes*.... Mais il seroit difficile, peut-etre, d'adapter ces raports du climat et du caractère national, à l'histoire ancienne et à l'histoire moderne de l'Italie: et tout en reconnoissant une certaine influence des climats sur les moeurs, et sur les passions des peuples, comme l'ont prouvé *Montesquieu* et d'autres Philosophes avant lui, il faut bien se garder de confondre ces effets phisiques, avec ce qui appartient plus manifestement, et à l'influence des gouvernements, et à l'éducation publique. Tantôt ces différentes causes agissent en sens contraires les unes des autres; tantôt elles se combinent pour agir uniformèment et simultanèment sur le caractère, sur les moeurs et sur le gènie des nations. De ce concours ou de cette opposition, rèsultent des effets bien différents, dont la complication offre toujours, aux yeux du Lègislateur et du Philosophe, un problème politique et moral bien difficile a resoudre. Que l'on raproche, par exemple, ce qu'ont été et ce que sont les Isles de l'archipel, avec les

Isles Britanniques, que l'on contemple, au moment présent, ce qui se passe, entre ces deux
points extrêmes, dans le centre même de l'Europe, en considérant les causes qui ont préparé,
et celles qui accomplissent cette mémorable ca-
tastrophe : que l'on réfléchisse enfin sur l'ensemble de ce violent paroxisme d'une crise politique,
devenüe, en un moment, presque générale, et que
l'on resolve, s'il est possible, ce grand problé-
me, de l'influence des climats, de l'influence des
lumières, de celle des passions etc... Au milieu
d'un tel câhos de causes et d'effets, de bons principes, de fausses maximes, et de mauvais resultats, l'historien doit attendre, le sage se rési-
gner, et la multitude gémir.

Il est des épôques, sans doute, où la prédominance de certaines opinions politiques, où
l'ascendant des sectes religieuses nouvelles ; d'autres, où de nouveaux systèmes de législation et
d'éducation publique, ont développé bien plus
d'influence pour changer, pour dénaturer le caractére des nations, que le concours de toutes les causes matèrielles possibles, tirées du climat, de la nourriture, de la Gymnastique etc.
Comparez aux grandes révolutions phisiques et
cosmiques de la Terre, dont on nous a conservé
l'histoire, ces éspèces de *Cataclismes* politiques,
dont celui-ci est un nouvel éxemple, vous verrès
que, dans l'ordre social, comme dans l'ordre phi-

sique, ces époques de révolutions subites et violentes ont opéré bien d'autres resultats, d'autres changemens, que ceux qu'on voit s'opèrer, dans l'un et l'autre ordre, à la surface du glôbe, comme dans les moeurs de ses habitans, par la seule marche de la nature, par ses opèrations lentes et continues, dans la durée des siècles. On a dit avec raison, que dans les siècles d'ignorance, les sentimens rèligieux servoient à éxpliquer les effets phisiques; mais il n'est pas toujours vrai, que dans les siècles de lumière, les effets phisiques ramènent à des sentimens rèligieux. Si dans tous les tems, la nature parle à l'homme le même langage, c'est dans des idiomes bien différens, et bien différemment interprètés.

Les nations ont leurs âges, comme les individus. Chez ceux-ci, dans l'âge viril, la vertu, est souvent le fruit de la raison ; mais dans la jeunesse elle est toujours celui du sentiment ou de l'éxemple. Il en est à peu-près de même à l'égard des nations, aux épôques de leur adolescence et de leur virilité. À un peuple enfant, comme à un peuple trop vieux, il faut des lisières, des prèjugés, des cèrémonies multipliées, l'éxercice perpétuel des sens. Au premier, il ne faudroit apprendre que les arts utiles à la vie, en le préservant de la corruption des peuples civilisés. Mais lorsqu'ils sont une fois parvenus aux derniers termes de la civilisation, et par conséquent de la corruption, c'est toute autre chose; et l'époque présente ne nous l'apprend que trop.

De même que notre esprit se fortifie par la communication des esprits vigoureux et règlés; de même il perd et s'abâtardit par le commerce habituel des esprits bas et maladifs. Mais ce sont surtout les esprits faux et sophistiques, qui, par leur présomption et leurs désordres, par la manie de tout innover, de tout applanir, de tout généraliser, dans les siences comme dans l'art social, éxercent sur les autres hommes, une influence plus dangéreuse. Ce sont ces esprits remuans et *applanisseurs*, qui, à mèsure que vous les prèssés par le sentiment de la verité, par les résultats de l'éxpèrience, s'envelopent de sophismes spècieux, de données illusoires; se perdent dans des nuages d'équations, de calculs et de distinctions métaphisiques. Ils finissent par entrainer la multitude, toujours inérte, toujours passive, et routinière, dans les abîmes d'une révolution générale; révolution d'autant plus funeste, que, sous les drapeaux de cette prétendue philosophie, elle prend davantage le caractère populaire, toujours et nécessairement opposé à celui d'ordre, de justice et de modération.

Parmi les rèsultats de ces catastrophes révolutionnaires, il en est un très remarquable, et tout-à-fait contraire au but qu'on se propose. C'est que tous les peuples qui ont été plus ou moins malheureux par leurs opinions, par leurs moeurs, ou par leurs gouvernements, ont produit des classes nombreuses de citoyens entiérement dévoués à la solitude, et même au célibat. En général, tout homme qui a eu beaucoup à se plaindre des hommes, cherche la solitude. Celle-ci le ramène en partie au bonheur naturel, en éloignant de lui le malheur social. Au milieu des sociétés divisées par tant de prejugés, par tant d'intèrets, l'âme est dans une agitation continuelle. Elle roule sans cesse en elle-même mille opinions turbulentes et contradictoires; elle enfante mille projets, entrainée sans cesse d'un parti à l'autre: et c'est ainsi, c'est alors que les membres d'une socièté ambitieuse et misèrable cherchent à se subjuguer les uns les autres. Mais dans la solitude, elle dépose ces illusions étrangères qui la troublent: elle reprend le sentiment simple d'elle-même, de la nature et de son Auteur.

Ajoutons encore que la solitude rètablit les harmonies du corps, aussi bien que celles de l'âme. C'est en effet dans les classes de solitaires, et surtout de solitaires laborieux, que se sont trouvés les hommes qui ont poussé le plus loin la carrière de la vie, comme aussi celle de la sagesse, des vertus et de la raison. Enfin au milieu des agitations d'un monde révolutionné, il paroit impossible de gouter un bonheur durable, de quelque sentiment que ce soit, ou de régler sa conduite sur quelque principe stable, si l'on ne se fait une solitude intérieure d'où notre opinion sorte bien rarement, et où celle d'autrui n'entre jamais.

Il ne faut pas croire pour cela que l'homme doîve vivre seul: lié avec tout le genre humain par ses besoins, par ses intérets, il doit ses travaux aux autres hommes; il se doit au reste de la nature. Mais il faut qu'il se rapelle souvent cette maxime d'*Young*: " que dans la vie civile, „ c'est le bon sens qui fait les hommes; que l'es ., prit seul, et surtout le bel esprit ne fait, pour „ l'ordinaire, que des brigands. „ l'expérience d'aujourd'huy peut, à cet ègard, servir d'une grande et utile leçon.

Au surplus rapellons encore, qu'après les èpôques des grandes révolutions, où, comme dans celle-ci, la violence, les passions, les crimes, l'ègoisme, ont presque tout fait, et n'ont laissé que peu de choses à faire aux maximes raisonnables, aux bons principes, aux intentions sages, qui l'avoient commencée; où, d'un autre côté, les évènemens ont bien plus fait les hommes ce qu'ils ont été, que les hommes n'ont fait les évènemens; rapellons nous, dis-je, que ceux qui en ont été les victimes nécessaires, et bien souvent les victimes innocentes, ou les complices involontaires, ont plus que jamais besoin

de changer de régions, d'habitudes, d'occupations, et pour ainsi dire, d'élémens. Ils ont besoin de vivre dans un nouveau monde, sous un
ciel nouveau, et avec des hommes de nations
différentes. Avec leurs propres compatriotes, avec
leurs contemporains, auteurs ou témoins de leur
infortune, combien de reproches à se faire, de
vengeances à éxercer, de souvenirs amers, de
peines à suporter..... Il faut que, dans une
terre étrangère, réunis par leurs besoins récipro-
ques, bien plus que par leurs sentimens, ils aient
le moins, qu'il est possible, d'occasions de se
diviser par leurs opinions politiques et religieuses
En un mot, c'est au sortir de ces époques de
bouleversemens et de désastres publics, qu'il faut
offrir aux hommes expatriés quelconques, expatriés de gré ou de force, des établissemens nouveaux, des colonies á peupler, des terres à dé-
fricher, des arts á éxercer, si l'on ne veut pas
les laisser abandonnés à une vie oisive et tout-
à-fait solitaire, ou bien à une vie errante et misérable.

Dans ce Traité sur le climat de l'Italie, j'ai
proposé un éxemple, facile à réaliser, d'une co-
lonie en ce genre, pour être un azîle ouvert aux
émigrés de toutes les nations révolutionnées: on
en verra le plan et les moiens dans le vol. suivant (*art. suplem.* N.º 6.). Il me reste encore
quelque chose à dire des influences de ce climat

sur le moral et sur le phisique de ses habitants.
Mais avant tout, il faut convenir, que c'est principalement par des termes de comparaisons, prises dans les régions extrèmes du glóbe, et dans
l'étude de leurs qualités dominantes, que l'on
peut reconnoître celles des Zónes tempérées, telle que l'Italie; et il faut convenir aussi que celle-ci, par sa position topographique et péninsulaire, par ses golfes et ses abris, autant que par
ses dégrés de longitude et de latitude, appartient
aux climats Mèridionaux et Orientaux, bien plus
qu'à ceux du Couchant et du Nord.

Il ne faut pas nèanmoins confondre entre elles, les diverses régions de l'Italie même, quant
au naturel de ses populations différentes: et c'est
ici peut-être, plus que partout ailleurs, que, sous
un petit éspace, on peut observer de plus grandes variètés à cet ègard; par èxemple, entre le
Piémont et la Sicile; entre les Riviéres de Gènes, de Toscane, et le littoral de l'Istrie et de
la Dalmatie etc. les moeurs, les usages, les langues, les statures même, le caractère des phisionomies, tout y est diffèrent.

L'homme, par raport à son animalité, ètant
assujetti aux loix communes de tous les ètres qui
végètent, il s'en suit que là où il se trouve une
diversité positive entre ces mêmes ètres, là aussi
il doit s'en rencontrer d'à-peu-prés semblables
parmi les hommes. Ce principe est celui qui pro-

duit cette variété indéfinie, que l'on admire dans les ouvrages de la création. Comme il porte son action de toute part, et en tous sens, il ne faut que l'observer, pour s'assurer des relations habituelles, qui régnent entre les habitans du Nord et du Couchant, entre les originaires de l'Orient et du Midi. C'est par la comparaison progressive des climats entre eux, que l'on parvient à découvrir l'enchaînement secret de ces différences innombrables. À mesure que leurs termes se raprochent, les nuances sont moins sensibles, et toujours plus variées. Aussi est-il manifeste que des habitans de toutes les contrées, ceux de la moyenne région sont les moins ressemblans dans leurs habitudes. Puisque leur position phisique tient le milieu entre les extrèmes, l'influence de leur atmosphère doit être, en quelque sorte, le produit d'un mèlange confus, et d'une irrégularité plus ou moins constante.

La Terre et son atmosphère tirant leurs principales qualités de l'influence du soleil, l'aspect différent de cet astre contribue beaucoup à faire naître ces varietés singulières, qui s'observent dans son étendüe. De là l'inègalité de température qui règne entre les Zônes et les Cercles polaires: de là, la distinction originelle des climats: de là, le motif raisonnable de la dénomination des régions Orientales et Occidentales. Quoiqu'il soit difficile d'assigner le terme rèel et différentiel de

ces deux points cardinaux, il n'est pas moins évident que la propriète des lieux change suivant leur
position particulière, considèrée par raport aux
dègrés successifs de longitude et de latitude. Quelque peu ressemblans que soient les traits caractèristiques chez les originaires des climats extrèmes,
il est néanmoins incontestable, que c'est de ce contraste singulier que résulte le naturel des habitans
d'un ciel tempèrè: c'est là où toutes les nuances
viennent aboutir et se fondre. Cette moienne règion n'occupe pas prècisement l'espace, qui régne
entre le póle et l'équateur: elle tient au contraire
le milieu entre le póle et le tropique. Sous l'équateur, la chaleur est trop brulante: le froid est trop
véhèment sous le póle. Ainsi le climat tempèré,
dont il s'agit, n'est pas, comme quelques Géogra-
phes l'ont prétendu, celui qui du 30me dègré
s'étend au 40me; mais celui qui commence au 40me
et se termine au 50me. Sa température est plus ou
moins douce, selon qu'il s'approche ou qu'il
s'éloigne davantage du point de l'orient. En effet
quoique placés à-peu-prés sous les mémes dègrés
de latitude, il est bien des peuples qui ne jouissent
pas de la même température. Ceux qui sont situés au Couchant, respirent un air sensiblement
plus frais, et ils sont en général plus robustes.

C'est en conséquence de ce systéme, que si
les règions Orientales voisines du point d'où semble partir le soleil, pour éclairer l'univers, ont des

qualités phisiques très différentes de celles qui s'observent dans les climats Occidentaux, on aperçoit avec surprise que ces influences, contraires entre elles, perdent insensiblement de leur première vertu, à mèsure qu'elles se raprochent des pôles, et viennent, pour ainsi dire, se confondre d'elles-même avec la tempèrature de la Zône extrème, qu'elles laissent dominer. Aussi les Orientaux et les Occidentaux, sous un ciel mitoyen, ou dans les régions extrèmes, participant aux gouts, aux habitudes, comme aux qualités des nations limitrophes, n'ont presque plus ce caractère qui leur est propre, sous le Zénith de l'orient ou du couchant.

Il y a donc, comme on vient de le dire, des différences sensibles dans l'atmosphère, et dans les propriètés des régions de l'Orient et de l'Occident. Là, les premiers rayons du soleil, qui sont moins brulans qu'au midi, ont néanmoins la vertu de purger l'air de ses vapeurs malfaisantes, dont il se charge pendant les ténèbres de la nuit. Aussi le ciel oriental, plus pur et plus serein que celui des régions occidentales, a une tempèrature plus douce et plus bénigne. Dans ces dernières, où le soleil lance des feux plus vifs, les peuples le voient se lever presque toujours dans son midi. À peine le jour vient frapper leurs yeux, qu'une chaleur subite vient frapper leurs sens et les tourmenter. Il n'est personne qui n'ait

été dans le cas d'éprouver, combien, à température égale, et même moins chaude, l'air du
couchant est plus incomode, plus affoiblissant,
plus accablant que celui du lever, et même du
midi. Cherchez-en la différence dans l'action des
marées électriques, et peut-être aussi dans les dè-
grès d'humidité, que dissout une plus grande insolation. Au surplus autant le midi a d'avantages sur le nord, en matière d'exposition, dans
la même région, autant les contrées orientales paroissent en avoir sur celles d'occident. Il subsiste
entre ces divers climats une certaine analogie, qui
n'a point échapé aux observations des Naturalis-
tes, et dont l'étude n'est pas inutile aux médecins, pour la connoissance des tempéramens.

La qualité différente du sang des Méridionaux et des Septentrionaux, n'est pas la seule
cause, n'est pas même la cause principale, des
contradictions originaires qu'on observe entre les
tempéramens et les caractères de ces peuples. La
prédominance de telle ou telle humeur sécrètoire
ou vivifiante, le plus ou moins d'éffervescence
dans leur mélange, contribue bien davantage,
avec la trempe plus ou moins nerveuse de leurs
organes, à rendre sensibles ces contradictions dif-
fèrentielles. Ce paroit être un paradoxe, que les
septentrionaux aient le sang plus chaud que les
mèridionaux, et pourtant, c'est une verité de fait.
Les causes principales sont, quant à l'intérieur,

l'air respirable plus pur, plus oxigèné, plus abondant en calorique, plus riche en électricité; et quant à l'éxtèrieur, une transpiration moins abondante, une moindre émission habituelle de vapeurs aqueuses et aëriformes servant de conducteurs naturels à ces deux fluides vivifians, l'électrique et le calorique, rendent moindre aussi la déperdition de la chaleur et de la vigueur, chez les peuples du Nord, que chez ceux du Midi. Cette différence même est sensible, chez les peuples de la moienne région, dans les diverses saisons chaudes et froides. N'est-on pas plus vigoureux, plus actif en hyver qu'en été? Un air chaud ne précipite-t-il pas les hommes dans une molle langueur, tant de l'âme que du corps? Pour prouver d'ailleurs la vertu efficace des climats sur le tempèrament, sur la force et les passions des hommes, il suffiroit de parcourrir l'histoire des guerres, que les peuples des régions Septentrionales ont portées dans les pays Méridionaux. On ne sçait que trop combien l'énergie, la fècondité et la fureur guerriere de celles-là, ont été funestes à ceux-ci. La singulière fècondité des familles du Nord a fait apeller ce climat *le magazin de l'éspèce humaine*. C'est en effet de ces contrées, que sont presque toujours venues les grandes émigrations, qui ont été fonder ailleurs des colonies, des établissemens, tant en Asie qu' en Afrique, et en Eurôpe. C'est enfin du Nord que sont sorties ces hordes de brigands, appellés conquérans, qui ont dèvasté les autres parties de la Terre, et qui y ont fondé, à diverses reprises, des populations immenses... Rarement on a vû les originaires des nations méridionales aller peupler celles du Nord. Mais outre que la fécondité est en général moindre dans celles-là, il y éxiste aussi des causes plus nombreuses et plus actives de dépopulation; causes dont les unes sont phisiques et tiennent à l'insalubrité du climat; les autres sont morales et dérivent d'une mauvaise éducation, ou d'une législation plus mauvaise encore.

Mais il y a cependant des bornes Géographiques et phisiques, à cette puissance des climats froids. L'étendüe des pays, où la vigueur des nerfs et l'impétuosité d'un sang plus chaud, rendent les hommes plus robustes et justement formidables, est comprise entre le 45.me et le 60.me dégrés vers le Nord. Plus loin, vers les pôles, le froid trop rigoureux de ces climats, produit sur les corps à-peu-près les mêmes effets qu'éprouvent d'une chaleur extrème les méridionaux, qui respirent l'air brulant des tropiques. Le grand froid et la grande chaleur, dit *Hyppocrate*, ont une vertu semblable sur l'organisation. Mais cela ne doit s'entendre que de quelques unes des propriètes de l'organisation vivante. L'on a vû, dans ce qui précède, que parmi ces propriètes, l'une des plus remarquables, est celle par laquelle le corps animal sait se maintenir à une température à-peu-près égale, bien qu'à des dègrés très différens des milieux dans lesquels ils se trouve, tant au-dessous qu'au-dessus de sa chaleur propre. Mais celle-ci n'est pas la même chez tous les animaux des espèces différentes, vivans sous les mémes Zônes, non plus que chez tous les hommes vivans sous des Zônes différentes. C'est cette capacité diverse de chaleur native, qui différencie, dans l'espèce humaine, comme chez les animaux différens, la faculté de se préserver, jusqu'à un certain point, des atteintes mortelles et désorganisatrices du chaud et du froid, portés à des dègrés extrèmes.

Dans les principes de la doctrine de *Brown*, sur l'excitabilité animale, le chaud étant considéré comme agent positif de stimulation naturelle, et le froid comme agent négatif ou en moins, il s'en suivroit qu'à raison de l'effet sténique de celui-là, et asténique de celui-ci, l'organisation des habitans des Zônes froides, seroit moins énergique et moins robuste, que dans les régions chaudes: et comme la chaleur du sang est en général proportionée a la vigueur du corps, il s'en suivroit aussi que, chez les premiers, la chaleur vitale seroit moins grande, que chez les autres. Mais à ces deux égards, l'expérience prouve le contraire, et l'on verra dans la suite de cet ouvrage, (*art. suplem. n.º 3.*) comment il faut entendre cette question importante pour la distinction des climats.

On a dit que les passions naturelles participent à-peu-près également de l'esprit et du sang, de l'intelligence et de la bile. L'ancienne distinction des tempéramens en bilieux et sanguins, en phlegmatiques et atrabiliaires, est bien plus vraie, lorsqu'on l'applique aux nations diverses, qu'elle ne l'est d'homme à homme, ou entre les individus d'une même nation. La prédominance du sang ou de la bile, et la dégéneration atrabiliaire ou pituiteuse de ces deux principales humeurs, établissent des différences caractéristiques, qu'il est impossible de méconnnoître, quoique souvent difficiles à reconnoître. N'est-ce pas à raison du plus haut dégré habituel de chaleur animale, et de la fermentation plus véhémente du sang, dans les climats du Nord, que les sensations y sont en général plus fortes que les sentimens? N'est ce pas aussi parceque chez les peuples du midi, l'humeur bilieuse, tendant sans cesse à devenir atrabile, (par la nature même de l'atmosphère plus azotique, plus carbonique) éprouve une éffervescence plus forte et plus durable; que l'appètit sensitif s'y montre avec des mouvemens plus impétueux, que chez les peuples du Nord? Ajoutez encore, qu'outre cette première distinction des tempéramens, fondée sur les humeurs prédominantes, il en èxiste une autre, non moins réelle, du côté des organes, celle d'une contexture plus charnüe, plus musculaire chez les premiers; chez les autres, une compléxion plus nerveuse et plus irritable. Ici, s'observe l'empire des forces cérébrales, avec l'influence de l'humeur bilieuse éxaltée : là, celui des forces précordiales, avec la prédominance du sang en éffervescence.

Les habitans des régions extrémes doivent naturellement porter les passions, ainsi que les vices et les vertus, qui en dérivent, plus loin que ne font les peuples des climats tempérés. Au Nord, l'áme paroit être plus assujettie qu'ailleurs aux affections animales. Au midi, l'esprit plus vigoureux est dans une dépendance moins étroite des organes. C'est une opinion commune que la jalousie, l'amour de la vengeance, l'ambition et le gout des voluptés, sont les passions qui agitent davantage l'áme des peuples du midi; passions qui deviennent le principe de mille excés monstrueux, que les habitans du Nord auroient de la peine à imaginer.

Pour peu que l'on veuille réflechir sur la nature de l'humeur radicale, qui circule dans les veines des premiers, on conviendra que la bile noire est le principe commun des vices phisiques qu'on leur reproche. Cette bile, qui s'allume aisément, s'aigrit aussi tôt, fermente avec vivacité, et finit par causer un désordre plus ou moins sensible dans l'organisation, agissant principalement sur la trâme des nerfs épigastriques, et mèsenteriques. De là les accès impétueux, l'enthousiasme subit, et les convulsions périodiques, qui sont autant de maladies familières dans les climats brulans. De là cette véhèmence dans les passions, les haines irrèconciliables, cet amour excessif, ces prodiges de vertus sociales et ce cortège monstrueux de vices barbares. De là aussi cette douceur dans les moeurs, ou ces principes d'une conduite austére, qui dégénere si aisèment en une sorte de manie triste, ou de mélancolic furieuse. Ce contraste frappant dans la maniére d'être des mèridionaux, est-il le simple resultat des impressions tout-à-fait confuses et disparates, que recoit l'âme par la voie des sens, considérés dans l'ordre phisique?

Quoique la férocité naturelle aux originaires du Nord, et les penchans à la barbarie qu'on reproche aux peuples du midi, soient à peu-près semblables dans leurs effets, ils partent néanmoins de principes phisiques, qui n'ont entre eux aucune analogie. Ceux-là se portent à la vengeance, parcequ'ils aiment à suivre un certain mouvement de bravoure, qui les anime subitement et les transporte de colére: s'il est facile d'emouvoir leur bile, on parvient sans peine à l'appaiser. Ceux-ci sont moins prompts à entrer

en fureur, et encore plus lents à revenir de ce
facheux état. Autant les septentrionaux cherchent à faire éclater leur humeur, autant les mé-
ridionax s'étudient à la dissimuler; les uns n'é-
coutent que la voix de la passion du moment;
les autres méditent à loisir sur les moiens de satisfaire la leur. D'ailleurs les peuples du midi
ont une inclination plus marquée vers l'enthousiasme, que les originaires du Nord: et de combien de phoenoménes moraux cette espécé de delire spirituel n'est il pas la cause? La fureur est
une maladie trés commune dans les contrées méridionales. En Afrique, par exemple, il y a un
grand nombre de maisons publiques, pour y
renfermer ceux qui en sont violemment attaqués.
La partie de l'Espagne, qui est la plus voisine
du midi, est encore trés fertile en furieux. Dans
le Nord, au contraire, on n'a presqu'aucune idée
de ce mal; parcequ'il est rare que la bile noire y prédomine dans les tempéramens. C'est l'excessive abondance du sang, et sa trop grande
chaleur, qui font quelquefois extravaguer les hommes dans les climats du Nord. Mais cet état se
dissipe facilement. Les furieux de la moienne région (et on en trouve assez souvent en Italie)
se guérissent avec beaucoup plus de difficulté.
Désque la bile qui les affecte devient trop brulante, ils tombent dans une espéce de phrénisie,
qui les rend quelquefois impétueux et cruels.

Il n'en est pas ainsi chez les originaires des pays froids. Ceux qui habitent sous le ciel de l'Ours, ne connoissent guères que la fureur des viellards. Quand la pittuite vient à surcharger leur complexion, ils s'enfoncent dans une sorte de démence léthargique qui leur aliéne l'esprit, leur ôte la mémoire, et les rend stupides.

Au surplus on ne prétend pas ici fixer des limites précises, entre les lieux propres à la naissance de telles ou telles passions, ni circonscrire l'influence des climats, plus ou moins favorables au développement de tels vices, ou de telles vertus. Ce que l'influence particuliére, et prédominante, d'une région peut produire d'avantageux, les usages, les préjugés, les éxemples, peuvent le détruire. De même les loix, le réspect pour les moeurs, l'amour de l'ordre, sont capables d'y ajouter de nouveaux dégrés de perfection. Il est vrai néanmoins que certains pays paroissent plus ou moins fortunés, selon que les principes phisiques y ont été mieux et plus adroitement combinés, avec les institutions morales et politiques.

Combien de nations méridionales, qui, sans changer de climats, ont présenté successivement de nouveaux tableaux de moeurs, d'usages, de préjugés? Si l'on remarque des différences considérables entre une nation du nord et une nation du midi, combien n'en observe-t-on pas souvent de très essentielles entre les générations successives d'un même peuple? Telles habitudes étrangéres, que l'on avoit jugées absolument incompatibles avec les moeurs primitives des originaires d'un pays, triomphent dans la suite, comme si elles eussent pris naissance dans le même lieu. Ainsi quoique les climats ayent par eux-même une vertu efficace sur les nations qui sont soumises à leurs influences, la nature cependant est moins indocile, et les préceptes moraux, ou les loix sociales, ont plus d'enérgie, qu'on ne le pense communèment.

Mais il paroit que l'on peut donner comme une veritè constante, que, dans les contrées méridionales, l'influence du climat est plus féconde en penchans vicieux et désordonnés; que l'esprit des peuples y est plus refractaire aux bienfaits des institutions sociales: tandis que dans les contrées du nord, un certain amour de l'ordre, un dévoüement habituel à la domesticitè, aux devoirs de la vie privée, rendent ces peuples plus susceptibles de docilitè aux loix publiques. Ici, les hommes sont plus vertueux par tempérament et par ignorance: là, par refléxion ou par calcul. L'esprit religieux est aussi trés différent dans les pays de ces latitudes extrèmes.

L'amour phisique, bien que croîssant dans tous les pays, et fructifiant dans tous les lieux, offre pourtant entre les nations des Zônes opposées, des caractéres distintifs trés saillans. Si tel climat paroit être plus favorable a la génération, la température d'une autre contrée invite plus puissamment à la rechercher. Ici c'est le sentiment du besoin, là c'est l'attrait du plaisir, qui remüe les hommes. Les causes sont différentes, et les effets sont à peu-prés les mêmes. Au midi, l'amour se montre avec tout l'appareil de la volupté: au nord, c'est le plus souvent sous les apparences du devoir et quelquefois même de la distraction. Les méridionaux qui naissent plus lâches, et plus sensuels, que les originaires du nord, ont ordinairement un gout plus vif et plus décidé pour les femmes. Les septentrionaux plus prompts et moins rèflèchis, connoissent peu la tendresse et encore moins ses rafinemens.

L'amour, dans les climats méridionaux, a, dit-on, peu d'efficacité: c'est une passion ardente et tumultueuse, qui cause plus de désordre dans les sociétés, qu'elle ne leur procure de biens réels. Elle s'evapore, pour l'ordinaire, par ses transports, et n'a de vraie puissance que dans les momens de hazard. Si les femmes plaisent aux hommes, il est rare qu'elles captivent leur estime. Si les hommes, à leur tours, sont si fort recherchés des femmes, il est encore plus rare que ce soit un sentiment de choix et de préférence qui leur inspire ce culte prophâne, qu'elles leur rendent en secret. Comme tout y est relatif à la volupté, la principale fin du commerce des deux séxes est indignement sacrifiée à des circonstances accessoires, ou bien maitrisée souvent par de simples caprices

Les septentrionaux ne se proposent guéres dans le mariage, que la naissance et l'établissement d'une famille. L'habitant du midi, qui ne tient qu'à ses gouts, et qui a l'habitude de les confondre avec ses devoirs, est naturellement variable, sinon dans le cours de ses desirs, du moins à l'egard des objets qui sont capables de les exciter. Dans les contrées méridionales, l'amour est souvent déréglè et criminel. Au nord, il est génèralement chaste et légitime. Ici, c'est une passion douce et temperée : là, c'est un appétit aveugle et fougeux, qui trop souvent devient un principe de discorde et de destruction. De là nait cette corruption épouvantable de moeurs. De là dérivent ces loix politiques, qui en autorisent, en quelque sorte, la publicitè, et ces usages que la nature dèsavoüe, que l'honnéteté reprouve. De là resultent encore et le malheur durable de la societé, que le gout immodèrè des plaisirs dèsunit, et cette jalousie qui règne entre les deux séxes, que la tristesse et les regrets accompagnent partout. De là enfin, cet abus monstrueux des premiéres leçons de l'instinct, que le plus vil animal semble écouter avec docilité, et suivre avec respect.

A ces traits, que l'on transcrit ici, d'apres un écrivain Philosophe, et qui caractérisent trop fidellement l'amour dans les pays méridionaux, ne pourroit-on pas le reconnoître quelquefois dans les régions temperées? Ne verroit-on pas confirmé spécialement sous ce double rapport, moitié phisique et moitié moral, le principe que nous avons posé cy-dessus: sçavoir que l'Italie et surtout l'Italie australe, sa partie péninsulaire, appartient bien moins aux climats, aux régions du Nord et de l'Occident, qu'à celles de l'Orient et du Midi. On a dit que l'appétit *concupiscible* est plus familier aux habitans du Nord, et qu'il est pour l'ordinaire d'intelligence avec le corps: que l'appétit *irrascible* domine chez ceux du Midi, et que pour l'ordinaire, il agit avec l'esprit, ou plutot avec l'imagination . . . . Il faut convenir pourtant, que les différences dans la vertu générative de l'espéce humaine, eu égard aux divers climats, sont par elles-mêmes sujettes à bien des changemens. Tant de causes sécondes peuvent concourrir à cette fin, qu'il arrive souvent qu'elles prédominent sur les qualités originelles de la complèxion. Telle contrée qui etoit autrefois trés peuplée, est presque déserte aujourd'hui. Ce n'est point l'influence du ciel qui a varié, ce ne sont pas toujours les guerres et les pestes qui l'ont dévastée; ce sont simplement les causes morales dont la vertu a dégénéré.

Il seroit cependant difficile de se refuser à l'évidence de certains principes généraux, confirmés par l'expérience de tous les tems. Que les régions du midi soient plus portées à la volupté, et celles du nord plus favorables à la propagation de l'espèce, c'est une verité qu'il est difficile de mèconnoître. On a dit que les hommes sont plus puissans pour engendrer en hyver qu'en été; bien que dans cette dernière saison, au moins dans les pays temperés, les passions voluptueuses soient plus fortes et plus actives qu'en hyver : les mêmes causes qui rendent les entrailles des hommes plus chaudes en hyver qu'en été, produisent des effets semblables chez les peuples du nord. Autant la chaleur extérieure provoque les sens au plaisir, autant la chaleur intérieure semble perdre de son ressort et de sa vertu naturelle. C'est un fait vrai dont la cause peut n'être pas inconnue, ni indifférente á connoitre.

Le principe de chaleur communiquè, et sans cesse regènèré par les voies pulmonaires, porté dans le sang, avec l'intermède et par la dècomposition du gâz oxigène, de l'air proprement vital, paroit produire, dans les corps, des effets contraires à ceux qui y produit le calorique, surabondant et libre dans le sein de l'atmosfère; celui-ci s'introduisant par la voie de l'inhalation cutanèe, et cherchant à s'èquilibrer dans le tissu de toutes les parties, par la loi de diffusion. Le premier vivifie le système artériel et prècordial, en remontant l'excitabilité de ce système, et en purgeant le sang de ses fuliginosités superflues et corruptives, comme disoient les Anciens. L'autre semble stimuler à l'excès, et par cela même affoiblir, relâcher le tissu nerveux et cellulaire, en même temps qu'il imprime aux humeurs une tendance à la corruption. C'est dans l'harmonie, dans le contrebalancement èquilibré de ces deux principaux systémes d'organes, le vasculaire-sanguin, et le cèrèbral-diaphragmatique, que consiste la plus grande vigueur, la veritable ènergie de l'animalité. C'est enfin, d'après des considèrations de ce genre, fondèes sur les vrais principes de la Phisique moderne, sur les resultats de la Pathologie des Anciens, que l'on a établi, dans cet ouvrage, les distinctions essentielles des Climats.

L'on a vû assez que, comme chacun d'eux paroit avoir ses maladies particulières, il ne seroit pas superflu de joindre aux mèmoires historiques d'une contrée, les observations chronologiques de ses plus fameux Mèdecins. Alors on risqueroit moins de confondre les principes contraires de ces rèvolutions facheuses, qui surviennent de temps en temps, dans l'ordre social et dans les systèmes scientifiques. On pourroit plus facilement discerner les influences propres du ciel, et les vices de tempèrament, qui seroient le resultat des habitudes factices de ceux qui l'habitent. C'est ainsi qu'en remontant aux causes premiéres, on n'imputeroit point à la nature peccante du sol ou de l'atmosfére, ce qui n'est souvent que la suite de la dépravation des moeurs ou des usages. À la faveur de ces èxamens, combien de doutes seroient levés sur la prèférence que l'on doit donner à certains Climats? Ceux de la moyenne règion paroissent prèférables sous bien des raports. Ètant situés à une distance à peu-prés égale des deux extrèmes, la vie doit y être, sinon plus longue, du moins plus remplie des jouissances qui la rendent agrèable.

Cependant *Platon* auroit souhaité de naître au Midi. Cette alternative du chaud et du froid, cette vicissitude continuelle dans l'ordre des saisons, lui fesoient rèprouver les habitations d'un ciel mitoyen. *Galien* pensoit que l'Asie mineure étoit le lieu le plus favorable à l'espèce humaine. *Hyppocrate* avoit enseigné auparavant, qu'en Asie toutes les productions étoient plus grandes, meilleures et plus belles. Mais cela n'est pas vrai de toutes les productions naturelles; pas méme de la première de toutes, c'est-à dire, de l'espèce humaine, considerée dans l'ordre phisique.

Quant à l'ordre moral et intellectuel, quoqu'il soit vrai de dire, que les âmes n'ont pas de patrie, il est cependant certain que les raisons phisiques, d'accord avec les expèriences repetèes, doivent nous persuader, qu'il est des pays où elles semblent obtenir certains privilèges. Les Méridionaux ont plus d'activité, ou plutôt, d'irascibilité, que de chaleur dans le tempèrament, que d'énergie dans le caractère. Aussi n'ont-ils pas beaucoup de penchant pour les éxercices bruyants, ni de tenüe pour les grandes entreprises. Ils sont plus enclins aux sçiences abstraites, et aux profondes mèditations. L'histoire nous aprend, que ce fut dans les contrées mèridionales, que nacquîrent les sciences sublimes, qui se repandirent ensuite sur la surface de l'Univers. Elle nous raporte aussi bien des exemples de la sagacité pènétrante de quelques Genies Mèridionaux. Mais combien les choses ont changé, depuis ces premiers siècles de l'histoire. Le conseil, la ruse, la prudence, plutôt que le Genie, paroissent être aujourd'huy les attributs familiers des peuples du Midi. Doués de dispositions plus favorables pour pènètrer, ou plutôt, pour deviner, des verités d'un certain ordre, on doit ajouter foi aux écrivains qui nous les reprèsentent avec des coeurs toujours en effervescence, lorsqu'il s'agit parmi eux de dogmes rèligieux. Auſſi point de contrées dans le monde, où les systêmes d'Idolatrie aient été plus diversifiès, plus multipliès : et cela seul est un indice de plus d'un naturel passionné.

Les originaires de la moyenne règion, moins robustes, mais plus ingènieux, que ceux du Nord, n'ont pas la même vivacité d'esprit que les méridionaux. Moins intelligens que ceux-ci, moins impétueux que ceux-là, ils possedent les passions dans un certain état d'équilibre, qui facilite l'essor de la prudence et du jugement. Aussi a-t-on remarqué, dans tous les âges, la politique et la magistrature paroître avec plus d'éclat, dans les zônes tempérées, que dans les autres. C'est d'ailleurs assez faire l'éloge de ce climat, que de prouver, que l'esprit de sociabilité, est le caractère commun des hommes qui sont soumis à son influence. À peu-près egalement sensibles à trois sortes de plaisirs, qui font la base et les charmes de la societé, celui des sens, celui de l'esprit et celui du coeur, il possèdent l'art précieux de les varier, et d'en jouir avec cette douce modération, qui est conforme à la trempe naturelle de leur caractère: et cette heureuse combinaison, si commune dans les régions moyennes, se rencontre bien rarement dans les zônes extrèmes, où les passions trop impétueuses, l'esprit trop soupçonneux, y aportent de grands obstacles.

Les Écrivains Philosophes éxaminant particulièrement, dans l'influence des climats, les effets phisiques du chaud et du froid, sous les différentes zônes à partir de l'équateur, ont cherché à expliquer par là, les diversités et les contradictions, qui s'observent dans les moeurs, dans le caractère et dans les lois des peuples qui les habitent. Les Médecins considérant aussi les climats par la tempèrature ou par le degré de chaleur qui leur est propre, les considèrent en outre dans un sens bien plus vaste, exprimant par les termes de régions ou de contrées, la somme de toutes les causes gènèrales ou communes, qui peuvent agir sur la santé des habitans de chaque pays. Mais ces causes sont, pour l'ordinaire, si confusèment combinées avec la tempèrature des diverses contrées, qu'il est assès difficile de saisir quelques phènomènes de l'économie animale, qui ne dependent uniquement que de cette dernière cause. Ce n'est pas cependant une inéxactitude blamable, que de lui attribuer certains effets, dont elle est vraisemblablement la cause prèdominante. C'est ainsi que l'on peut avancer, avec beaucoup de fondement, que du climat dépendent les différences des peuples, prises de la complèxion gènèrale ou dominante de chacun, celles de sa couleur, de sa taille, de sa vigueur, de la durée de sa vie, de sa précocité plus ou moins grande relativement à l'aptitude de la gènèration, de sa viellesse plus ou moins retardée, et enfin de ses maladies propres ou endèmiques.

On ne sauroit contester sans doute, l'influence des climats sous tous ces raports médicinaux, pas plus que sur le phisique des passions, des gouts, des mœurs etc. Les plus anciens Médecins avoient observé cette double influence; et les considèrations de cette classe sont des objets tout aussi familiers à la médecine, qu'à la philosophie, qu'à la politique. C'est à celle-ci pourtant qu'il apartient plus particulièrement de connoitre, que les loix, les usages, le genre du gouvernement de chaque peuple, ont un raport nécessaire avec ses passions, ses gouts, ses moeurs, comme il apartient au médecin philosophe de connoitre, de déterminer le raport de ces moeurs, de ces gouts, de ces passions, avec sa constitution corporelle dominante, manifestement subordonnée à l'influence des climats. Enfin dans la recherche des causes très diverses, qui influent sur le caractère moral, et par consequent sur les loix des peuples, on ne peut nier que le climat ne soit un des principales; surtout lorsqu'on veut comparer entre elles des règions très opposées. En général le climat agit plus sensiblement sur les corps qu'il affecte par une action soudaine, c'est à dire, que les hommes nouvellement transplantés, sont plus exposés aux impressions qui dépendent du climat, que les naturels de chaque pays: et cela d'autant plus que leur climat naturel diffère d'avantage de la tempèrature du nouveau pays qu'ils habitent. C'est une observation constante aussi, que les habitans des pays chauds peuvent passer, avec moins d'inconvèniens, dans des régions froides, que les habitans de celles-ci ne peuvent s'habituer dans les climats chauds.

Mais tout en reconnoissant la force de ces influences différentielles, entre les climats des régions extrèmes et moyennes, il ne faut pas croire, comme on l'a deja dit, qu'en cela consistent exclusivement, ni même principalement, les causes de la compléxion phisique, et encore moins les principes de la constitution morale, des peuples qui y sont exposés. Il n'est pas besoin de citer, comme preuve du contraire, l'exemple présent des peuples, qui, dans le centre de l'Europe même, à des latitudes peu eloignés, à des températures peu différentes, et dans le laps de peu de siécles, ont éprouvé, sans avoir changé de climats, des changemens prodigieux dans leur éxistence sociale, ainsi que dans leurs mœurs publiques, passant de la barbarie à la civilisation la plus recherchée, la plus *légale*, et de celle-ci à la subversion la plus inouie... Que cet éxemple, du moins, des troubles et des malheurs d'autrui, aprenne aux autres peuples à se préserver des dangers de ce qu'on apelle une *régénération*!.. Que l'Italie surtout, usant de cette prudence, de cette modération, qui furent toujours, dit *Strabon*, son appanage et son caractère distinctif, sache enfin mettre à profit cet exemple de revolte à jamais mémorable!... Au surplus, c'est particuliérement à ces époques de dissolution et de recomposition du systéme social, à ces sortes de diacrèses politiques et civiles, que l'historien philosophe peut receuillir de prècieux matèriaux, peut faire des observations utiles, pour mieux discerner ce qui apartient aux influences des régions et des climats; pour ne le point confondre avec ce qui dèrive de l'empire des passions, des lumières, des prèjugès, et surtout de l'ascendant plus irrèsistible encore d'une certaine môde, qui fait plier tous les esprits vers les mêmes idées: et c'est prècisement ce qui a fait regarder, avec raison, cette révolution comme celle de l'esprit humain, nonobstant tous les motifs, tous les intèrets, tous les efforts contraires ... Si j'avois un livre à faire sur cette double influence, bien plus dèpendante, sans doute, des causes morales, que des causes phisiques, c'est ici que je le commencerois: et je voudrois encore prendre pour texte, les maximes de *Montesquieu*, dans son immortel ouvrage, *De l'esprit des loix*, subordonnées à l'influence des climats, à la diversité des Nations; maximes dont on s'est beaucoup trop écarté dans ces derniers temps, et qui justifieront toujours ce qu'il a dit lui-même " *que les loix sont les raports nècessaires, qui dèrivent de la nature des choses* ,, .

Mais, à part les inconvènients d'écrire sur de telles matières, dans ces temps de LIBERTÉ, l'intèret et le penchant, plus analogues à mes occupations ordinaires, me ramènant à des objets plus relatifs à mes recherches sur le climat de l'Italie, il s'en présente un, au moment où je termine ce deuxième volume (en janvier 1796) qui par son importance, mèritera d'entrer dans le volume suivant. C'est l'Epizootie des Bêtes à cornes, qui depuis l'automne de l'année dernière, fait des ravages considerables, dans différentes règions de la Lombardie ; ravages que ne manqueroit pas d'accroître et de propager ailleurs, le fléau de la guerre dont ce pays est mènacé. Mais avant de donner l'histoire de cette maladie èpizootique, et de ses rèlations avec les fiévres endèmiques et épidèmiques, qui affligent l'espèce humaine, je vais achever, par un apendice, ce qui a raport à ces dernières, et aux constitutions atmosfériques qui les engendrent. Ces constitutions et ces épidèmies doivent être toujours bien distinguées de celles qui, tout-à-fait éxemptes et indèpendantes du mèphitisme des plâges et des marais, reconnoissent pour causes, d'autres qualités de l'atmosphère, prèdominantes dans ce climat : qualités toutefois, qui, subordonnées aux mutations règulières des saisons, et se retrouvant plus ou moins dans l'atmosphère des autres pays, y produisent aussi, du plus au moins, les mêmes affections maladives. De ces maladies, passagères et accidentelles, variables comme le cours des saisons, il sera dit quelque chose dans le troisiéme Volume, en parlant des maladies des Agricoles et des Gens de guerre.

APPENDICE

*Concernant les fièvres des régions et des saisons
à mauvais air,*

Lorsque j'ai tracé, à la fin du premier volume, le plan sommaire d'un traitement aproprié à ces sortes des fiévres, qui forment la partie la plus essentielle de la Mèdecine en Italie, je me suis rèservé de revenir sur cet objet très majeur, persuadé qu'on ne peut trop l'aprofondir. Persuadé aussi, qu'on peut dire de la Mèdecine pratique, ce qu'on dit de la peinture : savoir, que c'est avec du Genie et de bons principes, bien plus qu'avec des couleurs, recherchées et multipliées, qu'on fait de beaux Tableaux ; ce n'est pas tant pour ajouter de nouveaux remèdes, ni d'autres prescriptions, à ce que j'ai proposé à ce sujet, que pour suggèrer de nouvelles reflèxions, capables d'en mieux diriger l'employ ; capables de rendre, s'il est possible, ce traitement plus sûr, plus simple, plus prècis, et surtout plus à la portée de tout le monde, comme plus convenable à tous les cas.

S'il est vrai qu'avec le peu de prèparations pharmaceutiques, et le très petit nombre de mèdicamens simples, indiqués à la fin du *chap. troi-*

sième, on peut remplir la presque totalité des indications, tant curatives que prophilactiques, des fièvres de tous les types et de tous les caractères, propres aux régions littorales, maremmatiques, et paludeuses quelconques: s'il est vrai qu'avec de tels moiens et de tels procédés, faciles et peu compliquès, on peut se soustraire aux abus et aux dangers de trois méthodes de mèdication, également familières aujourd'huy, dans les diverses contrées de l'Italie; celle de traiter indistinctement ces sortes de fièvres, quelqu' elles soient, par la saignée et le Kinkina, à l'exclusion de toute espèce de purgation; celle plus empirique encore, imitée du *Dr Brown*, qui, n'admettant que des stimulans forts et des corroborans, exclut la saignée, et toute sorte d'autres évacuans; celle enfin qui, en apparence plus dogmatique, plus raisonnable, ou du moins plus *raisonnée*, prèconise pourtant, outre la saignée et les purgatifs, une foule énorme de recettes fèbrifuges, ou de drogues alèxipharmaques, dont la plupart sont insignifiantes, ou contraires au but qu'on se propose. Si, dis-je, en prenant de chacune de ces methodes, ce qu'elle peut avoir de bon et d'utile, rejettant ce qu'elle a d'arbitraire ou de superflu, on évite deux excès également dangereux; savoir ceux de la Mèdecine trop restreinte des *prètendus spècifiques*, et ceux de la *polipharmacie routinière*, on aura, ce me semble, aprochè le plus possible, de la solution du pro-blême, qui conformement aux vües de la plus saine philosophie, prescrit en Mèdecine, comme dans les autres arts, de concilier, avec la plus grande prècision dans les principes, la plus gran-de simplicité dans les procèdés.

Mais ce qui paroit devoir s'opposer à ce but de simplifier le traitement des fièvres, dont la cause existe dans les exhalaisons des plâges et des plaines marècageuses, c'est la varièté apparente, et mème la diversité rèelle, que prèsentent ces fièvres, d'une saison, d'une règion et d'une an-née à l'autre. Parcourez les histoires des consti-tutions épidèmiques, et vous trouverès en effet cette diversité dans les temps et les lieux diffè-rens; diversité dont les causes matèrielles, évi-dentes ou probables (qu'il importe de rapeller ici) éxistent, non seulement, dans les qualités intempèrées de l'air atmosphèrique, mais encore dans la nature mème et dans les degrés de l'air méfitique, provenant des marais, dans telle rè-gion et dans telle saison. Si, pendant la saison d'hyver, le voisinage des marais est innocent, ce n'est pas parcequ'alors ils ne contiennent rien de mèfitique; mais c'est parceque ce mèfitisme ne se sublime pas, ou que même en se sublimant partièlement dans l'air ambiant, il n'y trouve pas les élèmens propres, ni les conditions favo-rables à sa fécondation. Du reste, il est des éxemples raportès par *Pujati*, qu'en hyver même les exhalaisons de certains marais, travaillés et excavés, au milieu des eaux, ont été funestes à ceux qui les recevoient immèdiatement. Mais si, d'un autre côté, les exhalaisons spontanées des marais non travaillés, non remués, sont utiles à respirer, pendant l'hyver, dans certaines maladies du Poumon, il faut bien qu'elles soient diffèrentes de celles de l'Été, soit comme plus hèpatiques ou plus Gâzeuses-acidules, soit comme moins charbonneuses ou moins phlogistiquées.

Quoiqu'il en soit, si d'aprés les principes de la Chimie moderne, la putrèfaction peut être comparée à la combustion, quant au mècanisme et aux produits respectifs de ces deux opèrations, il s'ensuivroit que l'idée de *Lancisi*, ne seroit pas sans fondement, lorsqu'il compare les exhalaisons des marais, dans leurs époques successives de putréfaction, toujours corrèlative à la marche des saisons chaudes, aux produits de la distillation des corps putrèfactifs, selon les degrès de chaleur qui sont apliqués à l'une et à l'autre opèration. En effet, mettant à part quelques diffèrences accidentelles, qui s'observent dans leurs produits graduès et reciproques, on trouve de part et d'autre: d'abord un phlegme pur ou presque pur; ensuite un phlegme plus ou moins acidule-ou acescent, qui bientôt passe à l'alkalescence et à l'acreté. À cela succèdent les produits décidément huileux et empireumatiques, dans la distillation, et les produits hépatiques ou sulfureux, dans la putrèfaction. Enfin, dans l'une comme dans l'autre, les produits salins, surtout l'ammoniac, et les gâs aëriformes de plusieurs sortes, déjà designés, accompagnent la décomposition totale des corps organiques, tant distillès que putrèfiés. Or parmi ces produits de l'un et de l'autre cas, il en est qui sont simplement extraits et dègagès de la texture animale ou végétale ; d'autres qui sont veritablement engendrés dans l'opération même : et ceux-ci sont les agens immèdiats, ou plutót les ingrédiens du méfitisme, qu'ils communiquent à la masse d'air ambiant, dans laquelle ils s'èpanchent et se dissolvent. Mais ces principes gâzeux méfitiques, provenants de la combustion et de la putréfaction, bien qu'ayant, en apparence, les mêmes caractéres, et les mêmes qualités chimiques, ne portent pas néanmoins dans l'air le même genre d'altération : et cette différence sera encore éxaminée par la suite.

Toujours est-il certain, pour ce qui concerne la putréfaction paludeuse, qu'à partir de l'équinoxe du Printemps, jusqu'à celui d'Automne, et du Solstice d'Èté jusqu'à celui d'Hyver, on voit ses produits s'accroître et décroître d'intensité et d'acreté, comme le font les produits de la distillation des substances organiques, à feu gradué. Si avec de l'eau pure, de l'air atmospherique et les rayons Solaires, tenus en réaction dans des vaisseaux de verre fermés, on fait une moféte, trés sensible aux Eudiométres, et reconnoissable par l'extinction d'une lumière, ainsi que par la suffocation des animaux, qu'on y plonge, que l'on juge ce qu'il doit en être avec les eaux stagnantes, pleines des végétaux et d'insectes pourrissans, soumises à une perpétuelle alternative d'insolation et de condensation. Or tout cela a lieu, tant dans les terres incultes des parties littorales, alternativement submergées, que dans les régions continentales, où les cultures modernes, introduites dans les parties basses de l'Italie, telles que les riziéres, les prairies noyées (*prati di marcita*) sont multipliées bien au delá de ce qu'elles étoient autrefois. Mais il reste encore à savoir, si parmi les produits de l'impaludation putréfactive, à l'air libre, comparables à ceux de la combustion, en vaisseaux fermés, ce sont uniquement les gâs méfitiques, ou bien, avec eux, d'autres effluves aëriformes, salins, huileux ou muqueux, qui constituent les principes morbeux: principes, qui, variant dans les diverses époques de la distillation paludeuse, sont propres à engendrer des maladies toutes différentes, depuis l'équinoxe du Printemps jusqu'au solstice d'Hyver.

De même que la chaleur du Soleil, à mêsure qu'elle s'accroit, à commencer des premiers rayons du printemps, est propre à dèveloper et à faire éclôre les germes des insectes et des plantes; de même aussi elle opère sur les germes, tant inorganiques qu'organiques, qui composent ensemble les effluves de la putrèfaction marécageuse, dans ses diverses époques. Ces produits croissans, ces expirations progressives des marais, diffèrent aussi, selon *Lancisi*, d'une année a l'autre, dans les mêmes lieux, selon la marche des saisons et des intempèries, plus ou moins chaudes, pluviales ou nèbuleuses, comme selon les ventilations, *actives* ou *passives*, australes ou borèales : dautant plus encore que les veritables vèhicules de ces effluves marècageux, étant les brouillards et les nuâges bas, ils deviennent bien plus dangereux sous le règne des ventilations Scirocales. Non seulement celles-ci portent dejà avec elles, les produits des régions maritimes et littorales, plus ou moins paludeuses de leur nature; mais elles sont aussi, par elles-mêmes, le plus puissant promoteur de la putrèfaction, soit dans les marais du continent, soit dans les corps organiques encore vivans. Il est d'ailleurs d'autres ventilations locales et régionaires, directes ou reflèchies, qui sont propres à produire ces mêmes effets putréfians " *venti regionarii*, dit Lancisi, *a paludibus et lacubus oriuntur . . . . proprio sale et sulfure paludum fermentationem promovent . . . .*

*paludum effluvia in aerem precipitant . . . vermi-
nosa miasmata a putrescentibus elevant &c.* „

Enfin selon les alternatives de la raréfaction, et de la condensation, qu'éprouve, aux
changemens de température, l'atmosphére mé-
fitisé aux environs des marais, leurs effluves
sont plus ou moins nuisibles, soit par leurs
degrés de concentration même, soit par leur diverse insertion dans tel ou tel systéme d'organes : et de là resultent encore des affections fébriles différentes, dont le caractére distinctif n'a
point échapé au Celeb. *Ramazzini*. C'est pour
cela que dans leur action il y a des différences
de la nuit au jour, de la veille au sommeil,
du repos à l'exercice etc. D'une part, le froid
humide, durant la nuit, et surtout les longues
nuits de l'automne, condensant ces effluves, et
les rabattant, comme par une sorte de cohoba-
tion, à la faveur des brouillards et des rosées,
en décuple l'activitè. Et d'autre part, le sommeil rallentissant le cours du sang, diminuant sa
chaleur, et relachant tout le tissu cellulaire, favorise singulierément leur insertion, surtout par
les voies pulmonaires et les voies cutanées. " *San-
guis dormientium segnius movetur . . . Venæ per
somnum plus hiant . .* etc. „ C'est ce qui a fait
dire à *Lancisi*, qu'avec ces conditions, que dans
ces dispositions, le danger des miasmes est bien
plus grand que sans elles. Il existe pourtant avec

des dispositions, et dans des circostances contraires, puisqu'au milieu du jour, sous un Soleil
ardent, et par un fort éxercice, on peut encore
être penetré de ces miasmes, et saisi de la fiévre. Or cela suffit pour prouver que, dans les
régions marécageuses, le méfitisme et l'intempérie sont deux choses bien distinctes. Elles agissent
séparement ou conjointement: et de là resultent
des différences entre les fiévres de ces deux origines; entre les fiévres lyppiriques vraies, les
syncopales, les comateuses, les cardialgiques, et
celles qui n'en ont que les apparences, comme
on le verra cy-aprés.

Mais une autre source, non moins remarquable, de ces différences entre les fiévres maremmatiques, ou marècageuses, est celle ou les effluves plus ou moins corruptifs, plus ou moins
vermineux, s'introduisant spécialement par les
voies de la dèglutition, portent dans les organes
successifs de la premiére et seconde digestion,
des germes d'altération, des principes de dégénération, sur telles ou telles humeurs: d'où resultent des fièvres gastriques, des putrides plus ou
moins bilieuses, mûqueuses, dissentériques ou vermineuses. En effet de tous les lieux à putrilages
marécageux, resultants de la macération des végétaux, des insectes et des reptiles, s'élevent,
avec les effluves nausèeux, sensibles à l'odorat,
des vapeurs inodores, mais très sensibles á la vûe,

surtout aux heures du crépuscule, sous la forme de nubécules claires et legères. En se mélant à l'air, ces vapeurs et ces efflûves le rendent plus dense et plus pésant. Ceux qui le respirent et l'avalent, même passagèrement, éprouvent bien-tôt de l'innapétence, des soulévemens d'estomac, pésanteur et tournoiemens de téte, sentiment de lassitude et de mal-aise dans tout le corps. Tels sont, en effet, les symptomes avant-coureurs ordi-naires des fiévres maremmatiques, dont le caractè-re est toujours plus ou moins tendant à la putridi-té, à la vermine, à la malignité: et tous ces sym-ptomes semblent prouver, que c'est principale-ment par les voies de la déglutition, que s'intro-duisent ces miasmes propres, inseparables des ré-gions coeneuses. Mais lors-même que cette sorte de poison aëriforme paludeux, concentré, n'o-pére pas ainsi rapidement, par son introduction immédiate dans les premiéres voies, il n'en agit pas moins à la longue, en s'introduisant lente-ment et sourdement, par les autres organes, avec lesquels l'air est en contact perpetuel, et qui, à la faveur de leur porosité, de leur faculté in-halante et exhalante trés reconnue, peuvent ab-sorber, sinon l'air en nature de gáz, au moins les miasmes que l'eau en vapeur aëriforme tient en dissolution. Mais c'est uniquement par les voies oesophagiennes, que se fait l'introduction des germes vermineux, ovulaires, animalculaires ou autres, qui sont les progénitures ordinaires, toujours trés abondantes de la putrèfaction paludeuse. Ces effluves organiques, auxquels *Lancisi* attache une grande importance, dans l'étude des fiévres de constitution marécageuse, penetrant, selon lui, avec l'air qui les porte, dans les organes de la chilification, et se mélant à la salive, à la nourriture, aux boissons, trouvent là, et ne trouvent que là, l'élément et l'aliment qui convient au dèvelopement de ces germes, toujours et uniquement vermineux. Mais que ce soit, en effet, à titre de germes vraiment *organiques*, ou susceptibles de s'organiser, que ce soit comme effluves *inorganiques*, miasmeux ou méfitiques, capables de porter dans le chyle, les principes d'une dégénération vermineuse, il est certain que la présence des vers, ou dumoins l'espéce de fermentation, moitié putride et moitié acescente, propre à les engendrer, offre dans ces sortes de fiévres, une complication fort ordinaire, qu'il ne faut pas mèconnoître, ni nègliger dans le traitement.

Ajoutons encore que, dans les fiévres èpidémiques ou endémiques, provenantes des exhalaisons marècageuses, les alimens et les boissons peuvent être comptés parmi les causes prédisposentes, capables de faire varier ou de compliquer la nature de ces maladies, soit par les germes vermineux préexistants qu'ils contiennent, soit par les autres dégénérations auxquelles ils sont enclins. C'est ainsi que par un enchainement nécessaire, les eaux croupissantes et corrompues, corrompent l'air, et l'air à son tours corrompt les aliments et les boissons. " *Aquae aerem, aer cibos et potus contemerant.* „ Il est encore d'autres articles du régime diététique, qui peuvent influer dans le type, dans les complications, et dans les solutions de ces mêmes fiévres, comme on l'a dit cy-dessus. Mais c'est toujours dans le sein de l'air qu'il faut en chercher la veritable origine : et celui-là produit ces sortes de constitutions fièvreuses, corruptives, non parcequ'il est corrompu dans sa propre substance, respirable et alimentaire; mais parcequ'il est altéré par le concours de deux causes majeures, dejà plusieurs fois indiquées. Ce sont, d'une part, les ventilations australes, dont le propre, en s'élevant des régions basses, est de porter dans l'air les effluves de la terre, en même temps qu'elles rendent l'atmosfére plus épais, plus humide et plus chaud. Ce sont, d'autre part, les expirations paludeuses quelconques, qui, conjointement et à la faveur des trois qualités précédentes de l'air, portent encore dans ce milieu, un aggrégat de méfites et de miasmes, à la fois produits et agens de corruption. La première de ces conditions, celle de la ventillation, telle ou telle, est celle qui circonscrit, qui fait varier la sphére d'activité maladive. Mais seule, elle ne fait guéres que prédisposer les corps à la fiévre, à telle ou telle fiévre. Ce sont les germes hètérogénes, méfitiques, miasmeux, ou vermineux, qui impriment le type, qui donnent le caractére à ces maladies fiévreuses.

Enfin l'atmosfère des marais, nuisible par son épaisseur et par son acreté, (*ob crassitiem et acritiem*) l'est encore davantage, selon Lancisi, par les germes, soit organiques, soit inorganiques, qu'il renferme. Ceux-là pourtant ne nuisent que secondairement et médiatement, c'est a dire, par les voies de la déglutition, avec le salive, la boisson et les alimens, mais non comme fluide aërien : tandis que les autres, faisant corps avec l'air lui-même, pénétrent et agissent à la maniére de ce dernier, par la respiration et par la peau, comme par les voies nasales et cérébrales. À raison de son aggrégation d'air épais et grossier, cet atmosfére agit de telle maniére, ainsi que par ses qualités intempérées, froides et chaudes, qui sont encore autre chose que son épaisseur, que sa *nèbulosité* ; ainsi que par sa pésanteur aërostatique et son élasticité, qu'il ne faut pas non plus confondre avec les qualités prècédentes. Enfin de tous ces módes aggrégatifs, plus ou moins favorables pour féconder l'action propre des ingrédiens méfitiques ou miasmeux, résulte sur l'homme le plus grand effet possible de la part des constitutions paludeuses ; particuliérement encore avec le concours de l'action crépusculaire, de l'inaction et de l'inanition des corps qui y sont soumis, des dispositions organiques antécédentes etc.

Nous avons expliqué ailleurs, avec quelques détails, les effets sensibles et les effets probables, que produit sur l'organisation en général, et notamment sur le corps de l'homme inaccoutûmè, cette constitution d'air paludeux, tenace, pèsant, épais et méfitique; effets dont il suffit de rapeller sommairement ici les principaux, pour faire voir la diversitè des affections fèbriles qui peuvent et doivent en résulter. — Supression de la transpiration pulmonaire et cutanèe: repercussion de cet excrèment essentiel, sur tel ou tel organe. — Changement de tempèrature et de mixtion dans les humeurs, dans toutes les humeurs, depuis la salive jusqu'au suc nerveux: changement de consistance dans les unes, et de crase dans les autres: ènervement de toutes. — Accroissement de concrescibilitè plastique et inflammable dans la lymphe du sang: de concrescibilitè albumineuse, catarrale et fluxionnaire, dans la mùcositè des glandes et du tissu cellulaire universel. — De cette double inviscation des humeurs, mùqueuses et lymphatiques, ainsi que du rallentissement de leur cours, de la lenteur de leurs sècrètions, rèsultent les engorgemens et la stagnation; et de celle-ci, la plèthore et les turgescences. — Triple effet que produit alors la chaleur fébrile qui survient: celui d'èpaissir davantage partie de ces mêmes humeurs : celui d'attènuer et de volatiliser les autres : celui de les troubler et de les pourrir toutes ; de détruire par là leur èquilibre, et celui des solides. — De ce dèsordre dans les forces organiques, manquant de rèagir ou rèagissant avec excès, dèrivent leur concentration partielle sur tel système d'organes ; leur distribution inègale et vitieuse des uns aux autres ; leur prostration totale. Enfin par cette succession d'altèrations diverses dans les fluides, de mouvemens désordonnès dans les solides, à raison de la connèxité intime et gènèrale, qui existe des humeurs aux organes, et de ceux-ci entre eux : par cette complication progressive et manifeste de coagulation et de dissolution, effets de la fièvre et de la pourriture ; par cette série de dègènèrations, tantôt vermineuse ou bilieuse, tantôt putride ou gangrèneuse, se forment les congestions, les mètastases, les dèpots, les èpanchemens, les escarres, les èrosions èxanthématiques, qui achèvent la dèsorganisation et la vie, s'il ne survient pas des crises naturelles, ou si l'on n'employe pas des ressources de l'art, capables de les prèvenir. Or ces diverses affections maladives, sècondaires ou primitives, sont toutes les effets nècessaires, mèdiats ou immèdiats, de la première infection que produit l'atmosfère mèfitique et nebuleux des veritables marais.

Mais autant est grande, en apparence, la diversitè de ces affections, autant est variée la sè rie des symptomes qui en dèrivent, et qui servent à les caractèriser, à les spècifier plus ou moins. Il n'existe pas cependant de celles-là à ceux-ci une corrèlation telle, que par ce moien, c'est a dire, par les indices extèrieurs et apparens, on puisse toujours rèconnoître le genre et le siège des affections intèrieures : et c'est pour cela que leur diagnostic est souvent difficile ou incertain. Mais quoiqu'il arrive que des symptomes très divers puissent apartenir à la même espèce d'affection, siègeant dans le même système d'organes ou d'humeurs ; quoique rèciproquement des affections de nature et de règion différentes, puissent être reprèsentées par des symptomes analogues, ou tout-à-fait identiques, cependant il est plus ordinaire, il est même reçu parmi les Pathologistes, qu'un certain ensemble, qu'une certaine prèdominance et persèvèrance de tels symptomes congènères, suffisent pour faire reconnoître telle affection, organique ou humorale, dèpendante d'une infection paludeuse. Il est reçu encore, il est suffisamment prouvé par les observations des Médecins cliniques, que ces affections varient, selon que les principes d'infection, putride, vermineuse ou autre, se sont introduits par les voies trachéales ou oesophagiennes, par les voies nasales ou cutanées ; selon aussi que leur action s'est exclusivement ou simultanément dévelopée sur les différens systémes d'organes ; sur le salivaire et gastrique ; sur le vasculaire et proecordial ; sur le nerveux et le lymphatique. De là resulte enfin la diversité des symptomes, dont les uns tiennent à l'infection des sucs qui servent immédiatement à la digestion, la salive, la bile, le suc pancréatique : les autres à l'infection propre du sang et des humeurs récrémencielles qui en dérivent : les autres encore à celle du suc nerveux et lymphatique. Or cela constitue trois ordres de symptomes, comme trois états divers de la même maladie, en certains cas, et, dans d'autres cas, trois maladies distinctes et separées.

Au premier égard, voiez les symptomes ordinaires des fiévres gastriques, la soif, la sèchereffe et saburre de la langue, les nausées, l'inapètence, les signes de vers, les vomissemens vermineux et putrides, la cardialgie etc. À cet état de saburre, à cet appareil mèsentèrique, se trouve, pour l'ordinaire, jointe une fièvre lente et entrecoupée dans sa marche, avec des retours de froid ou d'horripilation, à chaque paroxisme, à chaque redoublement : et ceux-ci sont, pour l'ordinaire encore, marqués en tierce ou double-tierce. Mais à mèsure que la maffe du sang, ou prècèdemment imprègnée, ou s'imprégnant par les progrés de la fièvre, reçoit les impressions corruptives des miasmes marécageux, ou éprouve les dèvelopemens de sa propre corruption, par le fait de la fièvre même, autant que pour l'action des miasmes, on voit qu'à mèsure aussi, outre les symptomes antècèdens, il s'en manifelte d'autres plus graves; la prostration des forces, les anxiètés proecordiales et syncopales, douleurs extrèmes et opiniatres de la tête etc. Alors encore l'on voit la fièvre s'établir continue, ou tendant à la continuité. Enfin l'infection se propageant jusqu'au suc nerveux, les fonctions cèrébrales s'altèrent; le dèlire et les convulsions commencent ou se renforcent, ainsi que les veilles obstinées, ou le coma soporeux. Alors enfin, la corruption devenant universelle, et la dissolution ichoreuse ou gangréneuse du sang continuant ses progrès, il survient des éxanthèmes, des parotides, des escarres ou des dèpots gangrèneux. Dans le premier, comme dans le dernier stade de ces fièvres marécageuses, dittes malignes ou *malignantes*, on voit presque toujours les pouls frèquens, petits et inègaux; les urines corrompues, crües, ou ressemblantes aux naturelles; la teinte de la peau livide ou bilieuse; les yeux éteints ou enflamès etc.

Mais en suposant que cette aethiologie des affections morbeuses soit fautive en quelque chose; que cette classification des symptomes ne soit pas éxacte dans tous les cas de ces fièvres: en admettant que la plupart de ces symptomes se trouvent dans les fièvres dont le foier paroit être encore circonscrit aux premières voies (comme ils ont lieu, par exemple, dans les fièvres érupti- ves innoculées par la peau ou par l'estomac): en admettant encore qu'on ne les observe pas tou- jours tels, dans d'autres cas, où toute l'infection paroit être repandue dans le sang et les humeurs rècrèmenteuses, sans que les organes gastriques donnent aucun signe de saburre ni d'altèration, il n'en est pas moins vrai, qu'ayant ègard, à la fois, et au type dominant de la fièvre, et au ca- ractère prèdominant des symptomes, on est au- torisé à admettre de certaines distinctions fixes, reconnues comme bâses fondamentales dans la pratique, entre les remittentes et les synoques ; entre les putrides humorales et les malignes ner- veuses ; entre les mèsentériques, bilieuses ou ver- mineuses, et les pulmonaires lymphatiques, ca- tarrales ou inflammatoires etc. Il est certain en outre, que dans ces fièvres de tel ou tel caracte- re, la complication vermineuse, fort ordinaire, donne souvent à la fièvre, putride ou non putri- de, catarrale ou inflammatoire, l'apparence des fièvres vraiment malignes, avec des symptomes de la plus grande anomalie, et ressemblans à ceux de la catégorie nerveuse ou cérébrale. Enfin, se- lon la contexture, la mobilité et la vitalité des or- ganes, sur lesquels agissent les principes mor- beux, les germes d'infection, d'origine paludeu- se, les affections qui en résultent, prennent le caractere orgastique, celui des spasmes et des convulsions, ou bien celui de l'asténicité, de la stupeur et d'une sorte de paralisie.

Du reste, je ne suis entré dans tous les détails, compris et concentrés dans ce peu de pages, que pour servir à la discussion, à la dilucidation de ma première assertion, qui y a donné lieu: savoir, que les fiévres maremmatiques et paludeuses, qui en font le sujet, présentent entre elles une diversité de caractére et de complications, laquelle difficilement peut s'adapter à une methode simple de médication, telle que je la propose, et telle qu'on la vüe ébauchée précédemment. — Diversité dans les causes, prédisposentes et occasionelles — diversité dans les affections élémentaires, organiques et humorales — diversité dans les symptomes, dans les complications et dans les solutions de ces fiévres: ce sont trois points sur lesquels tous les maitres de l'art sont d'accord. Mais la majeure différence de ces constitutions fièvreuses, consiste dans la marche et les époques des saisons. *Ant. Cocchi* pense que dans la saison d'Été même, la nature des effluves marécageux n'est point toujours la même, et que ce n'est pas seulement dans leur intensité qu'ils différent. À en juger par la différence dans le type des fiévres, et par celle de leurs symptomes essentiels, on devroit croire que la cause matérielle, repandue dans l'air, ou n'a pas les mêmes qualités, ou n'agit point de la même maniére. Dans les fiévres, par exem-

ple, qui depuis le mois de mai, jusqu'au solstice d'hyver, affectent les habitans des régions marécageuses, surtout celles exposées au Sud, il y
a trois ou quatre époques bien distinctes. A la
fin du printemps et en été, ce sont, pour l'ordinaire, des fiévres tierces non malignes, lesquelles deviennent continues et plus mauvaises, à mesure que le chaud s'accroît et que l'été marche
vers sa fin. Alors elles deviennent tout-a-fait malignes, et souvent avec le type rèmittent vers l'é-
quinoxe d'Automne. Enfin aux aproches du solstice d'hyver, elles cessent d'ètre pernicieuses, et
dègénérent en maux chroniques, en fièvres quartes, ou changent fréquemment de types, ayant
la plupart, dans les deux derniéres époques, des
complications vermineuses.

On ne peut trop remarquer, dit *Lancisi*, qu'
à commencer du solstice d'été, les exhalaisons,
presqu'uniquement aqueuses, ou surabondantes
en phlegme, sans germes vermineux, et trés peu
méfitiques, qui s'élèvent des marais, ne produisent guéres que des fiévres tierces ou double-tierces, bénignes et sans complications. Mais à mesure que le ciel et la terre s'échaufent; que les
marais fermentent et bouillonent; que leurs fan-
ges exhalent des méfites, des miasmes, avec des
phalanges d'insectes, ou de germes animalculaires, on voit se produire les fiévres de mauvais
caractére, tantôt synoques, tantôt périodiques,

devenant, de plus en plus, pestilentielles et éxanthématiques: et cette progression de malignité s'observe jusqu'à ce que, vers l'équinoxe d'automne,
surviennent des pluies fortes, et avec elles les
vents depurateurs du Nord, seuls moiens de mettre fin à ces fiévres automnales. Alors celles-ci,
pour la plupart, font place à des fiévres lentes,
chroniques; à des fiévres quartes ou erratiques;
à des affections obstructives, cachectiques, oedé-
mateuses; à des flux dissentériques etc. Ainsi voilà donc trois mutations bien distinctes, et qui
éxigent des médications différentes: savoir, celle
des fiévres bénignes, qu'elles soient périodiques
ou continues; celle des fiévres pernicieuses, qui
sont également continues, rémittentes ou intermittentes; enfin celle des fiévres secondaires, des
fiévres lentes, ou à paroxismes vagues et irréguliers, accompagnés, pour l'ordinaire, des lésions
organiques, et des dégénérations humorales cy-
dessus.

Mais tout en remarquant la coëxistence presque conſtante des fiévres périodiques et des synoques, dans toutes les constitutions dont parle
Lancisi, il faut remarquer aussi qu'il attribuoit
cette différence, dans le type de ces fiévres, à
des causes qui ne consistoient pas toujours dans
la diversité même du principe matériel, émané
de l'atmosfére, auquel elles devoient leur origine. Ce double caractére, dit-il, des fiévres,

dans la même épidémie, c'est à dire, des intermittentes tierces ou double-tierces, et des synoques ou continues sans remittence aucune, s'ob-
servoit selon les expositions à tel ou tel air de
vent; selon les mois d'été ou d'automne; selon
les classes d'habitans, pauvres ou aisès, sobres
ou intempèrans etc. Il les faisoit aussi dèpendre
des lèsions antècèdentes, ou des prèdispositions
maladives, soit dans les premières voies ou les
hypocondres; soit dans le sang et le systeme de
la lymphe; soit à la tête et dans le systeme nerveux. Enfin, dans l'une comme dans l'autre espèce de fiévre, intermittente, rèmittente, ou continue, le caractere de malignité ou de pestilen-
ce, se montroit avec des degrès d'intensité diffèrens, selon la distance des habitations à l'égard
des foiers mètitiques. „ *Sunt certi epidemiarum
limites, quos lethifera caenosarum aquarum effluvia
minime praetereunt* ".

Ajoutons encore qu'une des principales sources des différences que l'on observe, soit dans
les types, tel ou tel, de fébricitation, soit dans
les môdes et les degrès de malignité, comme
dans les complications de ces fiévres populaires,
dèrive de la succession et de la combinaison des
intempèries d'une ou de plusieurs saisons, bien
plus que des qualités et des degrès du mauvais
air. „ *Raro enim sola, quae recens ac presens ur-
get, etiamsi immoderata sit, anni tempestas, popu-*

lares morbos progignit „. Enfin, si dans certaines constitutions Èpidèmiques et Èpizootiques, on voit entre les individus qui en sont atteints, la plus grande conformité dans les affections organiques, dans les symptomes, et notamment dans les altèrations spècifiques ou dominantes de telles ou telles humeurs; si d'après cette conformité gènèrale dans la marche, cette identité dans les solutions de ces Èpidèmies, on est fondé à admettre une égale identité dans les germes, mèfitiques ou miasmeux, qui les produisent, on doit croire aussi que, dans d'autres constitutions, ou dans les diverses épôques de la même constitution, il y a de la diffèrence dans ces germes, d'après la diversité même qu'on observe chez les malades, dans les symptomes, dans les affections humorales etc. Ce n'est donc pas sans raison que *Lancisi* admet des causes distinctes et le concours de plusieurs causes, dans les constitutions Èpidèmiques de l'atmosfère, dont il donne l'histoire.

Les vices de l'air, dit *Rivière*, se reduisent à trois sortes: ceux qui dèpendent des mauvais vents; des exhalaisons malsaines; et de quelques excès d'intemperie dans les qualités de ce fluide. Or de ces trois sources naissent les altèrations des organes qui sont les plus exposés à leurs influences respectives: savoir ceux de la respiration, de la transpiration et de la digestion: et de toutes trois aussi dèrivent ou peuvent dèriver les altèrations du sang; altèrations qui s'opèrent également de trois manières principales. 1.º parceque l'air affecté de quelques-unes des qualités morbeuses cy-dessus, et se mèlant, au moins partièlement au sang, par les voies chileuses ou pulmonaires, produit sur lui, entre autres mauvais effets, ceux de le depouiller de ses parties les plus vivifiantes, et d'y laisser une impression de putrescence. 2.º parcequ'agissant immèdiatement sur la peau et sur tout l'organe extèrieur, il y produit, comme premier et principal dèrangement, celui de sa fonction la plus importante, l'interception de la matière transpirable, et sa repercussion sur les organes intèrieurs : d'où resulte, entre autres dommages, ainsi qu'on l'a dejà dit, un principe d'inviscation dans les humeurs. 3.º enfin parcequ'il n'opère pas sur le sang, dans son passage à travers le poumon, les effets phisiques nècessaires à sa vitalité, ceux qu' il doit y produire pour sa confection, pour sa chaleur, sa coloration, ses mèlanges, sa dèpuration etc. Ainsi, parmi ces effets de l'air, il en est qui tiennent uniquement aux qualités aggrègatives de sa masse; d'autres qui dèrivent de sa mixtion de fluide respirable et alimentaire, et qui suposent qu'au moins une partie de sa substance, pènètre dans le sang.

En effet, si la voie de la dèglutition et de

la chilification est, comme il paroit, la plus propre, la plus ouverte, la plus ordinaire, pour
l'introduction des principes morbeux, contenus
dans l'air, il n'en est pas moins vrai que le corps
de l'homme, exhalant et inhalant de toute sa
surface, de toute sa substance, étant environné
et pénètré d'air de partout, comme le poisson
l'est d'eau, il faut bien que son sang participe
aux qualités diverses de l'air même, comme celui des poissons participe aux qualités des eaux
différentes dans lesquelles ils vivent. Mais si parmi les influences maladives de l'atmosfère, il
en est beaucoup qui dèpendent uniquement de
ses qualités phisiques, de ses intèmperies extrèmes ou versatiles, sans le concours d'aucune altèration mèfitique ou miasmeuse, il en est bien
peu qui, dèpendantes de l'une ou l'autre de ces
dernières causes, ne reçoive en même temps le
concours de quelques intempèries; de celles surtout qui sont insèparables des lieux humides et
marècageux; dans les temps aussi les plus sujets
aux alternatives de dilatation et de condensation
de ce milieu. Qu'on ne croie pas cependant que
l'air, comme intempèré, n'agisse sur la respiration, sur la transpiration et la digestion, que par
ses qualités phisiques ou aggrègatives ordinaires,
celles de son ressort, de son poids, de sa tempèrature, de son aquosité etc. Il y agit encore
par des qualités plus occultes, par des aggrègats

fugitifs, par des mixtes aëriens, qui ne sont ni mètèores, ni méfites, ni miasmes, ainsi qu'on le verra cy-après.

À ces seules considèrations se rèduit, en definitif, tout ce qui a raport aux causes aëriennes, et aux affections maladives qui en dèrivent : et peu importe d'expliquer le plus ou le moins dans le concours de ces causes, dans le dévelopement de ces affections, toujours corrèlatives. Mais il importe beaucoup de savoir : — Laquelle des actions morbeuses, celle des intempèries, des miasmes, ou des mèfites, a été prèdominante : — Laquelle des lèsions organiques, cutanées, pulmonaires, ou gastriques, a été la plus forte, la plus profonde : — Enfin lequel des systèmes d'organes, l'abdominal, le veineux, le nerveux ou cerebral, est le principal siège de la maladie. De tout cela, en effet, doivent dèriver des diffèrences essentielles, dans le caractère, dans le prognostic, et dans la cure des maladies fèbriles, dèpendantes des influences de l'atmosfère, ainsi que l'a très bien observé le célèbre *Huxham*.

Il est inutile, je pense, de raporter d'autres preuves, d'autres autoritès, pour confirmer celles qu'on vient de voir, concernant les vicissitudes stagionaires, les complications, les dègènèrations diverses, aux-quelles sont assujetties les fiévres des règions marècageuses : et ces diffèrences s'observent également d'une région et d'une année à l'autre, comme entre les saisons successives de la même année. On ne peut disconvenir non plus, et la pratique le prouve journellement, qu'à raison de ces différences, dans les constitutions fiévreuses, endémiques ou épidèmiques, il faut varier ou modifier les indications de leur traitement. Mais jusqu'à quel point cette necessité est-elle compatible avec les maximes sages de l'expèrience raisonnée, qui, excluant la pratique trop bornée des spècifiques, et des seuls alèxipharmaques stimulans, comme celle trop triviale de la routine polipharmacique, préfére une mèthode moins simple que les premières, et moins compliquée que celle-ci. C'est ce qui dejà a été examiné dans le troisième chapitre qui termine le premier volume. On va y ajouter de nouvelles observations, tendant à prouver de plus en plus, que les indications vraies et prècises de ces maladies, en apparence, très diverses, n'étant pas pourtant aussi nombreuses, aussi diversifiées qu'on pourroit le croire, c'est plutôt dans le choix des moyens d'y satisfaire, et dans la mèthode de les employer, que dans leur nombre et dans leur varieté, que doit consister la saine pratique.

Les principaux traits caractèristiques et diffèrenciels, entre les fiévres des régions marècageuses, dans les saisons à mauvais air, sont toujours rèlatifs, ou à leur invasion très diverse, ou à leurs accroissemens très inègaux, ou à leurs solutions très insidieuses. Ils sont relatifs au type intermittent, pèriodique, ou non; à l'anomalie ou à la continuité de la fiévre; à l'ordre et à la succession des redoublements, des éxacerbations, qui constituent les fiévres d'accès, ou les rèmittentes, ou les synoques. Ils sont relatifs enfin aux difficultés de leur traitement, lors-même que la fiévre ayant une marche peu aigue, offre un caractère, en apparence, peu grave. Mais toutes ces diffèrences étant observables, non seulement dans les épidémies de règions et d'années diffèrentes, mais encore dans celles de la mème constitution d'air, de la mème saison, et de la mème population; la plupart mème étant observables chez les mêmes individus, dans la durée et les diverses épóques de la même maladie, il semble que l'on soit autorisé à conclure, que c'est, dans tous ces cas de fiévre, bien qu'en apparence très diffèrente, la même cause morbeuse atmosphèrique qui agit: seulement on peut croire qu'elle agit avec des dègrés diffèrens d'intensité, ou bien qu'elle se porte sur diffèrens sistèmes de l'organisation. Or la première et la principale lèsion qu'opère sur le sang et sur les humeurs, l'atmosphère corrompu par les exhalaisons paludeuses, celle du moins que reconnoissent tous les Pathologistes, et qu'annocent presque tous les symptomes, au début de ces fiévres, c'est l'inviscation, l'épaississement plastique ou albumineux, et la lenteur du mouvement circulatoire, qui en est ou la suite ou la cause, et, peut-être, l'une et l'autre.

De cet état de viscidité dans le sang et les humeurs, il résulte, dit-on, qu'offrant une plus grande résistance à l'action impulsive de leurs vaisseaux, de leurs organes respectifs, le coeur qui est le principal agent, le premier moteur de cette circulation, en est plus vivement, plus fréquemment stimulé. C'est enfin de cette première *diathèse* humorale que l'on fait dériver toute la diversité, dans la marche et dans le type des fiévres : et selon la résistance, qu'offre cette viscidité des fluides, est dans tels ou tels raports avec la force des organes, qui sont destinés à les mouvoir, la fiévre prend les divers caractères des synoques ou continues, des rémittentes ou intermittentes, en tierce, semi-tierce, double-tierce etc. À chaque reprise, à chaque paroxisme, à chaque éxacerbation qu'éprouve la fiévre, on voit se reproduire avec plus de violence et d'intensité, les divers symptomes qui la caractèrisent, quelque soit d'ailleurs son type, pèriodique, ou non. Les fiévres, dit *Hippocrate*, qui, sans avoir de rémission vraie, présentent, chaque troisième jour, une nouvelle éxacerbation forte, sont les plus dangereuses; en ce que, d'une part, elles indiquent une grande viscosité dans les humeurs, et de l'autre, une grande diminution dans l'énergie vitale. „ *Febres horridae, continuae, acutae, in totum non intermittentes, semi-tertianae . . . . modus autem semi-tertianus est, una die laeviores, altera amplius exacerbescentes, et in summa acutiores increbrescentes etc. . . . .* "

Dans ces fiévres, pour l'ordinaire, sans qu'elles changent de nature, les éxacerbations à jours alternatifs, sont non seulement inègales, quant à leur intensité, mais aussi très irrègulières, quant aux heures de leur retour. On y observe souvent cette fâcheuse alternative de chaud et de froid, du dèdans au dèhors. Une chaleur brulante intèrieurement, avec soif ardente, même sans sècheresse de la bouche; tandis que l'extèrieur du corps est froid, ou saisi de fréquentes horripilations. La somnolence et la pèsanteur de téte, avec prostration des forces, surtout après le coucher du soleil; la lenteur et la lourdeur du pouls; la langue toujours chargée d'une croute ou d'un limon visqueux etc. Tels sont les symptomes les plus ordinaires, dans ces fiévres d'origine paludeuse, dont, au reste, les paroxismes règuliers, comme les éxacerbations irrèguliéres, sont presque toujours vers les heures du soir: et c'est toujours aussi pendant la durée des nuits, que se font apercevoir les grands troubles de ces maladies.

La plupart de ces symptomes ont été regar-
dés comme les indices certains et constans de la
viscosité des humeurs, de la concrescibilité plastique ou couêneuse du sang ; comme les indices
aussi des obstacles et du rallentissement nècessai-
re de leur circulation, surtout dans les vaisseaux
capillaires. Dans le fait, quoique ces deux sortes d'affections, dont l'une humorale, et l'autre organique, ne soient rèellement que des conjectures en Thèorie, elles sont cepandant apuiées
sur des inductions si probables, si multipliées,
qu'il est bien difficile de les revoquer en doute. Mais si les signes prècèdens de l'inviscation
et de la lenteur ne sont pas équivoques, dans
ces sortes de cas, ceux d'une certaine putrescence, générale ou particulière, le sont encore
moins. Elle est d'abord et surtout remarquable
dans les voies gastriques et intestinales. Elle s'accroît à mésure que la maladie fait des progrès,
que la fiévre excite des efforts inutiles ; et elle
finit souvent par décomposer la masse entière des
humeurs. Or que cette putridité, résultat des
effluves marècageux, passe et se communique du
dédans au dèhors, ou du déhors au dédans ; qu'
elle arrive par les voies chyleuses, pulmonaires,
ou cutanées, ce n'est pas là ce dont il s'agit
ici. Mais par quelque voie que s'introduisent et
pénétrent ces effluves, il est à croire que les humeurs les plus vitales, sont les premiéres et les

plus infectées : d'où résulte la prostration des forces, et la propagation du ferment corrupteur, à
l'égard des autres humeurs, et des parties solides. C'est bien plus par cette corruption, que
par inviscation, que perdent leur énergie vitale
ces humeurs subtiles : et cette altération des humeurs est pèrilleuse sous ce double raport ; celui
de constituer la pire cause des fiévres putrides,
et celui d'ôter à la nature les forces dont elle a
besoin.

Il est bien difficile, sans doute, d'aprés les
seuls symptomes, et sans recourir aux choses
antècèdentes, aux causes probables, de savoir par
quelles voies, dans quels organes, se sont introduits et propagés les principes morbeux, émanés de l'atmosfére. En effet si, d'un côté, dans
les fiévres de mauvais air, l'ensemble de certains
symptomes, tels que l'apparition des Pétéchies,
des Parotides, l'abattement de tout le corps, mais
surtout la continuité et la marche trés aigue de
la fiévre, autorisent à croire que le siège de la
maladie, est dans toute la masse des humeurs ;
que c'est dans le sang, et par les voies pulmonaires ou cutanées, qu'a été porté le germe fébrile : on doit, d'un autre côté, considérer, que
les premiers et les plus ordinaires symptomes de
ces mêmes fiévres, étant les anxiétés proecordiales, le vomissement qui se renouvelle à chaque
éxacerbation, et dure jusqu'à un état trés avan-

cé de la maladie, avec perte totale de l'appétit, la langue sâle, la bouche fétide, les déjections fréquentes et corrompues etc.; tout cet appareil, dis-je, porte à croire, que le premier et principal foier est mésentérique; que c'est de là que le principe sceptique a été entrainé dans la masse du sang, et par lui, sur les autres systémes d'organes.

Mais que peut-on nèanmoins conclure, en faveur de l'une ou l'autre de ces deux origines, lorsqu'on voit, par exemple, que dans la petite verole, dans la rougeole, méme innoculées, et où par conséquent l'altèration des voies de la chilification n'a point eu de part, les mémes symptomes cependant, ceux de saburre, de vomissement, de diarrhées putrides et colliquatives, ont lieu fréquemment; tandis que dans les fièvres des règions marécageuses, au temps du mauvais air, et même dans les fiévres tierces, ou autres intermittentes les plus simples, en apparence, et les plus bénignes, où tout sembleroit annoncer que le siège morbeux est uniquement dans les premiéres voies, l'on voit néanmoins paroitre, dans leurs progrés, de vraies pétéchies, avec les autres symptomes de putriditè générale, et de malignité, comme dans les fiévres continues? Que doit-on, dis-je, conclure de là, sinon de ces deux choses, l'une, ou plutot toutes les deux: savoir, que les principes morbeux, portès par l'air, ou dont l'air est le véhicule, soit par les voies chyleuses, soit par les pulmonaires, soit même par les cutanées, se communiquent facilement, et se transmettent promptement d'un systéme à l'autre, du déhors au dédans, ou du dédans au déhors: ou bien qu'entre toutes ces parties il y a un tel accord, une telle correspondance de vitalité, un tel *consensus* d'affections, que l'une ne peut être altèrée sans réagir sur l'autre; et que toutes partagent, ou médiatement ou immédiatement, l'action du principe corrupteur et fébricitant.

Il n'est pas de fiévre, dit-on, sans un germe d'altération dans le sang, bien que celle-ci ne produise pas toujours la fiévre. Mais sans vouloir assimiler les germes des fiévres exanthématiques, propres et essentielles, lesquels, différens entre eux, ont un caractére défini, une action dèterminée et immuable; sans vouloir, dis-je, les assimiler aux germes fébriles, qui èxistent dans les effluves marécageux, on pourroit croire que ces derniers, bien que simplement putréfactifs, ou corrupteurs de leur nature, sont capables d'innoculer des maladies différentes, selon les années, les régions, les saisons etc. Il sembleroit qu'à raison de ces diverses circonstances, ils portent, dans les humeurs, des *diathèses* diffèrentes, soit d'acrimonie et de putréfaction, soit d'inviscation et de dissolution. En effet, si on compare, entre elles, les rélations des épidémies, de celles seulement qui ont régné dans les diverses régions marécageuses de l'Italie : par exemple, en Corse et en Sardaigne ; en Sicile et en Dalmatie ; aux marais Pontins, dans la campagne de Rome, e sur le littoral Vènitien, on observe des différences trés marquées, soit dans les symptomes dominans, soit dans les siéges organiques, soit dans l'issue de ces maladies, endémiques ou épidèmiques. Ces différences même s'observent dans chacune de ces régions, dans des années différentes. Mais tout cela ne prouve point une diversité essentielle, dans la nature de ces miasmes paludeux, dans ces régions et dans ces épôques différentes. Des intempéries diverses, dans la saison même du mauvais air, ou dans les saisons antécédentes ; des degrés différens de concentration de ces miasmes ; leur combinaison avec des méfites aëriformes, ou leur dissolution pure et simple dans les vapeurs aqueuses ; la lenteur ou la célérité de leur introduction, et de leur dévelopement, dans le corps vivant, avant d'y engendrer la fiévre, selon des circonstances accidentelles et trés variables : tout cela, dis-je, suffit bien, sans suposer des qualités différentes dans ces miasmes, pour expliquer toute la diversité des épidèmies et des épizooties, qui en résultent ; pour concevoir comment les unes attaquent plus la tête ou le bas ventre, les autres la poitrine, les glandes ou la peau. Comment les unes retiennent le caractére périodique ou rémittent, et les autres tendent davantage à la continuité, ou à l'anomalie des redoublemens. Comment les différentes classes d'humeurs y sont plus ou moins infectées ou dénaturées, les différens systémes d'organes plus ou moins lésés, affoiblis, engorgés. Enfin comment depuis la plus simple fiévre tierce, ou la fiévre gastrique la plus bénigne, jusqu'à la synoque la plus putride, ou la fiévre maligne nerveuse, la plus pestilentielle, avec ou sans éxanthémes etc; comment, dis-je, toutes ces variétès peuvent dépendre des mêmes miasmes et des mêmes méfites paludeux, diversement dosés, diversement fécondés, et surtout diversement secondés par des conditions accessoires.

Quoiqu'il en soit, et malgré cette diversité dans les fiévres marécageuses, leurs indications essentielles restent à-peu-prés les mêmes. Tout consiste dans l'art et le moment de les remplir. Le double siége organique, le veineux et le gastrique, observable et souvent combiné dans ces fiévres; la double diathése humorale, visqueuse et putride, qui s'y manifeste toujours, plus ou moins; la profonde et générale altération des forces vitales, celles réparties aux systémes musculaire, nerveux et arteriel, celles surtout du centre précordial ou épigastrique: voilà ce qui doit fonder les indications curatives de ces fiévres, celles qui sont, du plus au moins, communes à toutes, lorsque la nature seule ne suffit pas à leur solution, comme cela arrive souvent aux plus bénignes. Ajoutez-y celles de subvenir aux symptomes les plus urgens, à ceux qui, comme tels, sont capables de compliquer ces maladies ; et celles aussi de favoriser les crises, qui, pour l'ordinaire, sont bien rares, et bien insuffisantes dans ces sortes de fiévres, lorsqu'elles sont portées au degrés des plus aigues et des plus graves. Or il est certain, comme on l'a dejà dit, que la majeure distinction entre ces fiévres, est celle qui dèrive de la saison plus ou moins avancée, de l'été à l'automne. C'est une régle générale qu'à la marche du soleil, à son raprochement ou à son éloignement de nous ; qu'à l'influence enfin du solstice et de l'équinoxe, tient le règne des fiévres endémiques ou épidémiques : et cette influence est dautant plus facheuse, que le ciel est plus inconstant, plus intempèré. Alors en été même les fiévres prennent le caractére tout à-fait automnal ; et c'est le pire de tous. Ainsi les indications du traitement doivent se prendre, à la fois, et des épóques de la saison, et de l'ensemble des symptomes.

Pour ce qui concerne les indications de la première classe, celles rèlatives au double siége de ces fiévres ; savoir d'une part, la saburre manifestement visqueuse et putride des organes gastriques ; et d'autre part, la plétore ou la turgescence du système vasculaire, avec la prètendue diathése reumatique et inflammatoire du sang, nous avons dejà dit ailleurs (chap. 3.ᵐᵉ) ce que la raison d'accord avec l'expérience, ce que l'expèrience apuiée de l'autorité des plus grands maitres, suggérent à ces deux égards. Rien n'est plus commun, plus urgent que le besoin des émètiques: rien n'est plus rare, plus douteux que celui des saignées. Non seulement les fièvres des marais, mais en général les fièvres de la saison d'été, éxigent autant le premier de ces secours, comme étant plus sujettes aux saburres gastriques, de nature putride, vermineuse, ou virulente, qu'elles contrindiquent l'autre, sous le raport de cette putridité même, toujours plus on moins bilieuse; et sous le raport plus important encore, de mènager les forces vitales, toujours plus ou moins caduques en cette saison. Dailleurs, dans les fièvres proprement marècageuses, l'introduction des miasmes, et leur propagation, se faisant particulièrement par les voies gastriques, c'est là qu'il importe de diriger la première opèration des mèdicamens, propres à déterger ces levains corrupteurs. Et quand bien même il seroit vrai qu'une partie de ces derniers auroit pû pénétrer par les poumons et par la peau, c'est toujours sur les organes épigastriques que l'on observe la principale impression. Voi ez en effet, même dans les maladies dèpendantes d'un venin ou d'un virus innoculés, combien promptement s'altérent les premiéres voies, et combien aussi sont utiles les vomitifs. Observez encore que ces derniers ne sont pas contraires au maintien des forces, comme le purgatifs, quelqu'ils soient. Dailleurs dans les fiévres à paroxismes, comme sont la plupart des fièvres des marais, *Hyppocrate* et d'autres d'après lui, ont regardé comme contraires, presque généralement, les catartiques forts, en ce qu'ils empéchent les crises, aulieu de les préparer, comme le font les émétiques, surtout celles des éxanthémes quelconques. Enfin, si on consulte sur cela les autorités les plus graves en Médecine, on verra qu'il est peu de cas de fiévres aigues, dont il ne soit convenable de commencer la cure par un vomitif, et trés peu aussi, où il ne soit prèjudiciable de l'omettre.

Baillou, l'hyppocrate des François, enseigne que dans presque tous les cas de fiévres de constitution atmosférique putréfactive, et surtout dans les vraies putrides, dégénérant ou ménaçant de dégénérer en malignité, il faut conserver le sang des malades, comme l'unique trésor, l'unique aliment de la vie : et à quelque degré qu'il soit altèré, corrompu, ou mèlé d'humeurs hètérogénes, c'est encore en lui que réside la principale source de la vitalité, qu'il faut chercher à ranimer par des cordiaux, bien loin de l'éteindre par des saignées. Un autre dogme, selon lui, plus universel encore que celui qui proscrit la saignée, dans ces sortes de fiévres, *mali moris*, c'est celui qui prescrit l'usage des émètiques, dès les premiers jours de leur invasion, et ensuite d'autres préparations antimoniales, des antiseptiques et des corroborans, presque à tous les temps de leur durée. Mais il n'est pas besoin de chercher hors de l'Italie des autorités pour apuyer, sur ces deux points, la saine pratique, et pour combattre le préjugé, beaucoup trop répandu encore parmi les Mèdecins de ce pays, qui, se fondant sur les qualités dominantes de leur climat, (qualités assurément trés diverses de région et de saison à autre) ainsi que sur la nature la plus ordinaire des fiévres, auxquelles il donne lieu, professent hautement, et leur adoption presque générale de la saignée; et leur opposition presque totale aux émètiques ; et la nècessité du Kinkina presque sans exception et sans mèlange.

Lancisi au contraire, et plusieurs autres de ses prédécesseurs ou de ses contemporains, considèrant les différentes époques des fiévres stagionaires et constitutionelles, pensoient qu'à la premiére époque de la saison chaude, lors même que ces fièvres sont encore simples et bénignes, pèriodiques ou continues, il faut dabord recourir aux vomitifs, aux lègers purgatifs; passer ensuite aux doses trés discrettes du Kinkina, toujours combiné aux laxatifs, salins ou autres, la rubarbe ou quelque lénitif électuaire; ajoutant en outre quelque contre-vers, bien que ce ne soit pas encore la saison dècidément vermineuse. Mais c'est surtout dans la 2.me époque, dans celle des fiévres devenues pernicieuses, ou tendant à le devenir, par les progrés de la saison *estivale* ou automnale, soit des synoques ou continues, soit des rèmittentes ou intermittentes, qu'il faut, disoient-ils, se hâter d'évacuer, nommément par des émètiques; afin d'arrêter les progrés des fermens corrupteurs et vermineux: et à ces évacuans substituer bien vîte les antiseptiques, les cardiaques, les anthelmintiques. Enfin dans l'état encore plus avancé de ces maladies, renonçant aux émètiques et aux purgatifs, on doit recourir au Kinkina à plus fortes doses, mais toujours combiné avec quelque prèparation, opiatique ou corroborante, sudorifique ou resolutive. Selon la remarque de *Torti* et de *Cocchi*, ce n'est qu'au commencement de ces sortes de fièvres, que les purgatifs, et surtout les émètiques sont utiles. À mèsure que les symptomes annoncent que le ferment fébrile est repandu dans le sang,, épanché sur les nerfs, sur le cerveau ou sur l'épigastre, (*praecordia*) à en juger par le delire, les anxiètés, la létargie, les convulsions etc.; alors surtout les évacuans sont contraires, encore que les envies de vomir et les autres signes de la saburre éxistent: alors encore les vrais et les seuls purgatifs sont les vésicatoires. Tout au plus les lavemens sont permis, mèlés aux corroborans, aux vermifuges, aux antispasmodiques, au Kinkina. En lisant les histoires des épidèmies de ces fiévres des règions et des saisons à mauvais air, combien d'exemples l'on trouve, qu'après l'employ des vomitifs, et sans celui de la saignée, toute la cure consistoit dans les vésicatoires et dans le Kinkina; celui-ci pourtant toujours associé, tantôt au vin ou à la thèriaque, tantôt aux potions sudorifiques et cordiales, ou bien aux préparations anti-vermineuses. La seule différence, entre les fiévres intermittentes et les continues, étoit la moindre efficacité, et par conséquent la moindre urgence, dans l'usage du Kinkina, pour celles-ci que pour celles-là, par la raison, dit *Lancisi*, que les miasmes marécageux, introduits par la respiration, comme par la deglutition, sont plus concentrés aux premiéres voies, dans les fiévre intermittentes, et plus repandus dans le sang, chez ceux qui ont la fiévre continue.

En voila plus qu'il ne faut, sans doute, sinon pour détruire, au moins pour éclairer le double préjugé, presqu'universel, dans une certaine classe des Médecins de l'Italie, contre les émétiques et en faveur de la saignée. Mais à ce dernier, c'est à dire celui, des *Hèmophiles*, s'en joint un autre plus universel encore, en ce qu'on le retrouve en tous pays, dans cette même secte de

Médecins, partisans par habitude, autant que par persuasion, du systéme anti-phlogistique. Je veux parler de l'aversion qu'ils montrent pour tous les remèdes dits aléxipharmaques, excitans, parégoriques etc. En général les Médecins qui, par des préjugés scolastiques, ou par de vielles idées de medecine mécanique, hydraulique ou chimique, ne fondent leur maniére de calculer les vertus des médicamens, que sur leurs prétendues qualités élémentaires ou aggrégatives; tous ceux-la, dis-je, qui sont encore en trés grand nombre, ne peuvent et ne veulent absolument admettre, dans la cure des maladies fébriles, aucune de ces préparations, qu'ils regardent comme incendiaires, orgastiques, irritantes, à l'excés; comme sceptiques ou dissolvantes; comme coagulantes ou inviscantes etc. Mais sans entrer ici dans l'èxamen de toutes ces inculpations vagues ou précaires, contradictoires ou éxagerées; inculpations qui ont servi pourtant à perpétuer, parmi les différentes sectes, l'adoption triviale des médications toutes contraires, j'observerai néanmoins qu'elles sont relatives principalement aux deux systémes classiques, qui ont été adoptés et diversement interprétés, sur la cause générale des fiévres malignes, pétéchiales ou éxanthématiques quelconques. D'une part, avec *Hoffman*, on a attribué ces fiévres à la corruption et à la dissolution putride des humeurs vitales: de l'autre, avec *Boer-*

bàve , on a fait dépendre et la fiévre et l'éruption des éxanthèmes, de la coagulation inflammatoire de ces mêmes humeurs. Or, dans les deux suppositions, la chaleur et le mouvement du sang étant augmentés, il ètoit naturel de proscrire, dans le traitement de ces fiévres malignes et éruptives, cette classe de remédes actifs et chauds. Ainsi donc, que leur cause immédiate, celle qu' on apelle *còntinente* interne, soit reputée dissolvante ou coagulante, que leur caractére prédominant soit reconnu putride ou inflammatoire, ou passant de cului-ci à celui-là, par les progrés de la fiévre ou des miasmes, toujours les effets des mèdicamens de cet ordre seront jugés contraires, comme capables d'accroitre l'une ou l'autre de ces affections primordiales ; comme capables aussi de produire des affections secondaires, non moins graves ; tels que l'engorgement ultérieur des petits vaisseaux et des glandes ; des turgescences d'humeurs crües et visqueuses ; des dépots ou des métastases ; des évacuations à contre-temps, ou des crises prématurées ; l'epuisement même des forces vitales, soit par des stimulations excessives, soit par des sueurs immodérées etc.

Sans doute, dans l'ensemble de ces assertions hypothètiques, tant sur la nature des affections humorales et organiques, pour ainsi dire, élèmentaires qui constituent les fiévres malignes, que sur les qualités les plus apparentes que possèdent

les *prèparations* alèxipharmaques proprement dittes, il est des aperçus thèoriques qu'on ne peut
revoquer en doute, et qui même doivent servir
à modifier les règles de la pratique. Mais il est
souvent tout-aussi difficile d'en faire l'aplication,
qu'il seroit contraire à la raison et à l'expèrience d'en faire une loi gènèrale, pour proscrire,
ou pour adopter, indistinctement, les alèxipharmaques dans le traitement de ces fiévres. Adopter gènèralement, et comme dogme clinique,
ces sortes de remèdes, dans les cas susdits, et
presque dans tous les cas de fiévres aigues, d'a-
près les idées abstraites de l'*excitabilité* en plus
ou en moins, du móde *sténique* et *astènique*, de
l'astènicité *directe* et *indirecte*, c'est commettre
la même erreur, c'est professer le même abus,
que de pròscrire universellement, et sans exception, ces mêmes remèdes, comme chauds et
stimulans, d'après les idèes reçues trop gènèralement sur la coagulation ou la dissolution des
humeurs vivantes, et d'après les craintes aussi
souvent fausses qu'éxagerées, que l'on a de ces
mèdicamens actifs, dans les cas même de dissolution putride, ou de coagulation inflammatoire.... Mais outre ces dernières affections humorales, il en est d'autres qu'il faut reconnoitre,
et surtout dans les fiévres marècageuses: celles,
par exemple, d'une viscosité glutineuse *ou* grasse,
d'une mùcosité crüe ou indigeste, d'une putres-

cence sourde et vappide etc.; altèrations et autres semblables, qui effet ou cause d'un manque de vitalité, de mouvement et de secrètion,
non seulement admettent, mais éxigent impèrieusement les alèxipharmaques, c'est à dire, les mèdicamens cordiaux, stimulans, resolutifs, sudorifiques ou autres, vulgairement compris sous cette domination gènèrale. Ainsi, ceux qui par crainte d'échaufer, d'enflammer, de dessècher ou de
putrèfier leurs malades, se refusent à cette sorte
de mèdication, sont tout-aussi loin du vrai en
pratique, que ceux, qui, voyant l'astènicité partout, et dans tous les cas; qui mèconnoissant
ou ne comptant pour rien les altèrations humorales, ne veulent d'autre mèdecine que celle des
stimulans.

Il ne seroit pas impossible, peut-être, que la
vogue momentanée du systéme de *Brown*, que
la pratique, à la fois, trop hardie et trop restreinte de ses partisans, servit un jour à reformer, ou du moins à restreindre cette pratique
tout-à-fait insignifiante des dèlayans, des antiphlogistiques, des tempèrans, des adoucissans
etc. C'est ainsi qu'un abus peut en corriger un
autre, et conduire enfin à des meilleurs usages.
Ce seroit aussi un grand bien, si la proscription
veritablement outrée et presqu'absolüe, dans les
fiévres, qu'èxige ce systéme nouveau, pouvoit
diminuer et l'abus et l'excès que comporte le

systême contraire. Enfin, je le repète encore, dans les fiévres malignes, et notamment dans celles produites par les miasmes des marais, des hopitaux, des prisons etc., la proscription de la saignée est une maxime professée par tous les maitres de l'art; soit qu'à l'abattement des forces vitales, soient jointes la dissolution ou la coagulation, la putrescence ou la phlogose des humeurs; soit que la nature de la fiévre comporte l'éruption des éxanthèmes, accidentels ou critiques, ou qu'ils y soient tout-à-fait ètrangers.

On ne parle pas ici des innombrables recettes de mèdicamens alèxipharmaques et cordiaux, que l'on trouve dans les dispensaires de Pharmacie, et dans les Traitès sur les fiévres malignes. Elles ne prouvent autre chose que l'abus des richesses, ou plutôt l'excès de l'ignorance, par le mauvais chôix de la plupart des ingrèdiens, qui entrent dans ces compositions officinales ou magistrales. Mais parmi les prèparations de ce genre, il en est qu'on ne peut trop recommander dans les cas, très communs, de fiévres malignes où l'usage du Kinkina est indiqué, soit comme tonique et antiseptique, soit à raison de leur type paroxistique prèdominant. Dans l'une comme dans l'autre vûe, *Lancisi* et ses disciples prescrivent toujours d'ajouter à ce mèdicament hèroique, quelque sel volatil huileux, quelqu'eau distillée aromatique forte, ou d'autres substances de ce genre. Ces combinaisons, d'une part, sont propres à prèvenir les inconvènièns du Kinkina, donné seul; et d'autre part, elles en assurent les heureux effets, surtout lorsqu'à la prostration des forces, se joignent la viscosité des humeurs et la rèsistance des crises cutanées.

Quant à l'application des vésicatoires, comme moien auxiliaire et contemporané du Kinkina, son utilité est tellement reconnue, dans presque tous les sistémes et toutes les sectes de médecine; il est tellement éprouvé dans presque tous les cas de fièvres putrides et malignes, éruptives ou non, qu'il est inutile d'en parler. Mais il n'en est pas ainsi de l'opium, qu'il faut pourtant placer parmi les remédes auxiliaires ou symptomatiques, plutôt que parmi les remédes essentiels, comme le font *Brown* et ses sectateurs. Au premier aspect, il paroit extraordinaire, et c'est en effet ce qu'ont objecté les adversaires de l'opium, qu'avec ses prètendues propriétes incrassantes, froides et soporatives, il puisse convenir dans des fiévres malignes, dont le caractére dominant est la stupeur, et même la vraie *sopeur*, le manque de chaleur, le rallentissement et l'inviscation des humeurs etc. Mais outre qu'il est un palliatif aproprié contre les cardialgies, les anxiétés, le vomissement symptomatique, le flux immoderé et les douleurs de ventre, accidens fort ordinaires dans le cours de ces fièvres, il sert aussi merveilleusement pour combattre la stupeur même, ainsi que l'assoupissement profond, dont la cause est presque toujours de nature convulsive, productrice elle-même des congestions au cerveau, aux glandes parotides etc. Dailleurs comme narcotique et procurant par là du sommeil aux malades, il a l'avantage de favoriser ou de préparer les crises, et même de redonner ou du moins de ménager les forces. C'est surtout dans ces cas des fiévres malignes, avec épuisement de ces forces, somnolence extréme, froid extèrieur, qu'on a vû l'opium, donnè dans du vin, avec de l'éther, ou combiné á quelqu'autre cordial aromatique, réveiller, rèchaufer, et pour ainsi dire, ressusciter les malades. C'est alors enfin qu'il faut, en quelque sorte, louer l'excés qu'en font les partisans de *Brown*. Mais il faut se rapeller, en même temps, que d'autres avant lui, et d'aprés de meilleurs principes que les siens, ont tiré un grand parti de l'*opium* dans le traitement des fiévres aigues. Tout consiste dans l'art de le bien administrer.

Au surplus, s'il est vrai que les Médecins les plus renommès de tous les pays, et ceux de l'Italie particuliérement, sont d'accord, dans la cure des fièvres mrècageuses, sur l'association du principal fébrifuge (du Kinkina), tant avec les vèsicatoires et les narcotiques, qu'avec les préparations corroborantes et aléxipharmaques, il n' en est pas ainsi à l' égard des purgatifs quelconques. Ceux-ci, et spècialement les catartiques, sont en effet regardès comme destructeurs, si non de la vertu antiseptique, au moins de la vertu fèbrifuge de cette écorce : et cette opinion, fondée, à la verité, sur des faits nombreux, est également commune aux mèdecins qui ont pour maxime de faire précéder, et même d'accompagner l'usage du Kinkina par celui des purgatifs. *Sydenham*, entre autres, tout en reconnoisant cette qualitè des purgatifs, contraire à l'effet fébrifuge de celui-là ; et tout en convenant de la nècessité, dans certains cas, de recourir à ce reméde, comme moien le plus pressè, n'en avouoit pas moins les inconvéniens et les dangers de cette métode, soit sous le rapport des fréquentes rechutes, auxquelles elle donnoit lieu, soit sous celui des lésions organiques ou humorales, qui en étoient la suite trop ordinaire. En ce sens que le Kinkina ne peut ni évacuer, ni neutraliser le ferment febrile, on peut dire qu'il est cause des récidives, ou du moins qu'il ne les empêche pas ; et l'expérience ne le prouve que trop. En effet sur cent cas de fiévres, à paroxismes réguliers, ou deguisès, pris indistinctement dans toutes les saisons de l'année, et de chaque année, on peut évaluer au moins à 85 celles qui rechûtent, lorsque la cure s'est faite uniquement avec le Kinkina ; tandis que sur un ègal nombre de cas semblables, traités par les purgatifs, surtout par les émétiques, avec quelques amers indigènes, ou bien par ces mêmes èvacuans, et quelque peu de Kinkina à la fin, on compteroit à peine 15 à 20 rechûtes. Mais il vaut mieux, dit-on, s'exposer à la sèrie indèterminée et trop souvent interminable de ces derniéres, que de risquer le plus petit danger d'une dégénération en pernicieuse. Si ce principe ne peut être contestè, surtout dans les règions et les saisons suspectes, on necontestera pas non plus que bien souvent on en abuse dans tout autre circonstance. C'est dans ce sens que l'on peut dire, que si le Kinkina est pour beaucoup de malades, le *remede de la peur*, il est chez beaucoup de Médecins celui *de la politique*. Et si à ce double attrait pour cette drogue, on joint encore le desir très naturel, dans le cas même des fièvres les plus simples et les plus bénignes, de se dèbarasser à coup sûr d'un mal présent, sans calculer le mal presque certain de la rècidive, ni les autres dommages très probables et trop ordinaires de cette metode, on concevra comment elle est devenue à-peu-près universelle, dans une partie des contrèes de l'Italie.

Mais ne voulant pas revenir ici sur cette éternelle controverse, dejà traitée ailleurs, concernant la nècessité ou l'inutilité des purgatifs, dans le traitement des fiévres qui éxigent le Kinkina, les uns les croyant propres à rapeller les rechutes, les autres capables de les prévenir; ne voulant pas revenir non plus à cette autre question, qui partage également les Médecins, savoir, si l'usage immodéré et prématuré du Kinkina, sans le préalable des purgatifs, ou si le retard et l'insufisance de celui-la, même avec l'adoption de ceux-ci, influent ou non, influent plus ou moins, sur la production de quelqu'unes des affections chroniques, fort ordinaires à la suite de ces fiévres, j'observerai cependant que, parmi les Médecins, ceux même qui sont trop partisans du Kinkina, la plupart conviennent que, soit pour tarir la source des humeurs fébriles, et mettre fin aux récidives, soit pour empécher les infiltrations et les obstructions, auxquelles elle donne lieu, il faut recourir aux purgatifs, à la suite des cures faites avec le Kinkina seul, lorsqu'on n'a pas eu le temps de le faire avant ou pendant son usage. Ils conviennent aussi que, parmi ces purgatifs, il en est de plus apropriés à ce double but; et nous avons indiqué, entre autres, les antimoniaux, le tartre stibié surtout, ou la poudre de James, la magnésie minérale ou quelqu' autre absorbant.... Mais il est inutile d'observer qu'il ne peut pas y avoir de règle génèrale, aplicable à tous les cas de pratique, pour la préfèrence que merite telle ou telle de ces deux mètodes, modifiables elles-mémes de bien des manières. Ici, comme dans toutes les autres parties de la Mèdecine pratique , c'est la distinction des cas, et des constitutions de fiévres, subordonnées aux règions et aux saisons, qui doit dècider de cette prèfèrence : et c'est en cela surtout que consiste l'art du Mèdecin.... Dans la vue d'en simplifier et d'en éclairer l'éxercice, j'ai indiqué, dans le 3.e chap., des prescriptions pharmaceutiques, plus susceptibles de s'adapter à tous les cas de fiévres, et plus apropriées à celles des règions de l'Italie sujettes aux influences du mauvais air. Pour diriger mieux l'administration de ces remèdes, j'ai crû utile d'ajouter les rèflexions que l'on vient de lire. Il se reprèsentera encore l'occasion d'en faire d'analogues, dans les deux volumes suivans; notamment à propos des constitutions Epizootiques ou Epidèmiques de la Lombardie, et dans quelques articles sur les Lagunes de Venise, comparées aux marais pontins.

On ne peut trop remarquer la différence de ces deux régions, toutes deux, dans le fait, trés paludeuses, et pourtant bien différentes, quant à leur insalubrité respective. Mais on verra les causes majeures de cette différence, consistant particuliérement dans la nature et la salure des eaux, dans le móde d'impaludation, et dans la diversité des ventilations prédominantes, à raison de l'exposition et de la configuration même de ces deux régions, ouvertes ou abritées de tel ou tel côté. Il faut à la production du mauvais air sur les plâges basses, sur les rivages à bas fonds, sur les côtes rasantes, le concours des conditions et des circonstances diverses, que dejà nous avons indiquées plusieurs fois. Une constitution d'air plus humide que chaude; plus habituellement nébuleuse ou *nebbieuse*, que pluvieuse; plus stagnante que ventillée; ventillation plus australe que toute autre. Ainsi la stagnation et la chaleur sont les deux conditions de la putrescence des eaux.. L'eau stagnante des Lacs, dans les régions du Nord, l'eau courrante des fleuves sous la Ligne, ne se putréfie pas. Plus de chaleur que d'humidité produit la coction et la coagulation des corps organiques; plus d'humidité que de chaleur opére leur putrèfaction et leur dissolution. Ainsi la condition la plus favorable à cette corruption, dans tous les cas, dans tous les milieux, dans tous les corps qui en sont susceptibles, c'est une chaleur et une humidité médiocres, proportionnées entre elles, avec la stagnation de l'eau et de l'air: c'est un air plus surchargé de carbon et d'azote, que d'oxigéne et de calorique.

Que l'on compare à l'Italie d'autres règions plus chaudes, telles que l'Espagne et le Portugal, et d'autres pour le moins aussi basses, aussi marécageuses, mais plus froides, telles que la Hollande et la Belgique. Ici pourtant s'observe l'influence des fiévres, aprés le solstice d'Eté particulièrement, et dans les lieux les plus aquatiques. Mais elles n'ont pas le même caractére de malignité, ni les mêmes complications tenant à la putrescence, que l'on voit régner dans les régions littorales de l'Italie; régions où prédomine la température scirocale, et où manquent les ventilations boréales, spacieuses et faciles, qu'on remarque presqu'en tout temps sur les pláges et dans les plaines voisines de la mer du Nord. En Portugal et dans une grande partie des provinces de l'Espagne, bien que les chaleurs y soient longues et fortes, l'air n'y est pas cepandant aussi corruptif, aussi fiévreux qu'en Italie. Il y est aussi habituellement moins humide, moins accablant; et les météores épais, nébuleux ou brûmeux, y sont infiniment plus rares. Les brises du Nord s'y font sentir plus souvent, et dans bien des lieux même pèriodiquement chaque jour, pendant l'Etè: ce qui sert à corriger, et, pour ainsi dire, à sanifier les influences toujours corruptives des vents du Sud et du Sud-Est. Aussi voit-on que dans les plus fortes chaleurs, celles de l'été et de l'automne, les viandes se conservent bien plus longtemps, que dans les climats de l'Italie: et les maladies fébriles n'y montrent pas autant la tendance aux dégénérations putrides, ni aux anomalies compagnes de la malignité.

Selon le raport de *Justinus*, nulle part le sol de l'Espagne n'est infecté par des brouillards émanés des marais. Il en est de même en Portugal; et peut-être l'air y est encore plus sain, plus élastique et plus vivifiant, qu'en Espagne, bien que notablement plus chaud, surtout dans les régions littorales. Cependant les Isles et les plâges de la Méditeranée, les plus sujettes aux vents d'Afrique, sont aussi en général les plus malsaines, spécialement aux expositions de ce vent insalubre : et l'on observe encore des différences à cet égard entre les Isles les plus voisines du détroit de Gibraltar, celles du centre de la Méditèranée, et celles de l'Archipel. Du reste les côtes de toute cette mer, ainsi que celles de l'Adriatique, offrent bien plus d'éxemples de ce genre d'insalubrité méfitique, dans tout leur pourtours, que les côtes de l'Océan, et des autres mers plus petites, proportion gardée à leur étendüe. Mais il est, surtout dans les pays chauds, tant d'autres éxemples de marais, également dangereux, situés au milieu des continens, et loin des exhalaisons maritimes, qu'on ne doit, comme nous l'avons dit, attribuer à ces dernières qu'une partie de certe influence malsaine. L'Italie, pourtant, eû ègard à sa surface, en contient plus que toute autre région de l'Europe : et la plupart ètant marais littoraux ou adjacens aux bassins des mers, ils possédent un dégré d'insalubrité, proportionné à celui de chaleur, d'humidité et de ventillation scirocale, dont cet atmosfére est en général, et toujours plus ou moins pènètré. Si l'on compare les surfaces aquatiques, ou submergées de temps en temps ; les parties arrosées ou noyées habituellement ; le lit des fleuves et des lacs ; celui des lagunes, et toutes les surfaces plus ou moins marécageuses de l'Italie, en comparaison des parties montueuses ou monticuleuses, on ne sera pas surpris de la surabondance de ses météores aqueux, dans toutes les saisons de l'année, ni de son méfitisme partiel dans les saisons chaudes.

Dans les diverses régions de l'Italie, chaque saison a ses vents particuliers ; et ceux-ci, malgré les changemens qui surviennent dans l'ordre des phénoménes celestes, conservent, pour l'ordinaire, leur ascendant, leur type régulier. Mais ces vents de chaque saison, ne sont pas les mêmes dans la partie Méridionale et dans la partie Septentrionale de l'Italie. Dans celle-ci, le Nord et ses collatèraux, ont une prèdomination sensible de l'Automne au Printemps : et dans celle-là du printemps à l'automne, ce sont les vents austraux mixtes qui prédominent. Mais dans l'une comme dans l'autre région, il est difficile de ne pas confondre les vents refléchis avec les vents directs ; ceux des regions inférieures avec ceux des régions supérieures. Ceux-là procèdent manifestement de ceux-ci, et de la combinaison des uns avec les autres, dérivent assez généralement les vents refléchis. C'est à cause de cette reflection, de cette repercussion des vents opposés à la chaine des Alpes, opérée sur tous les points de cette chaine courbe et sinueuse, vers l'Italie septentrionale, qu'on a crû que le Nord et ses deux collatèraux, y occupent, à eux seuls, plus du double de jours que les cinq autres ensemble. C'est aussi par là, selon la remarque très judicieuse du D.ʳ *Salmon*, qu'il faut expliquer cette apparente contradiction, cette opposition manifeste à la theorie de la formation des météores aqueux: savoir, que les vents hauts et secs du Nord, traversant des régions arides et montueuses, avant d'arriver en Italie, y aménent pourtant les gros nuages pluvieux, et y versent pour l'ordinaire, les plus grandes pluies; tandis que les vents bas et humides du midi, surchargés de vapeurs et de nubécules, dans leur passage sur le bassin des mers, sur les plâges et les plaines aquatiques, sont moins propres à améner les pluies. Mais il est remarquable que ces vents de l'hémisphére austral, qui n'aportent pas immédiatement les pluies, dans les régions Lombardes, en sont presque toujours les précurseurs. D'où il est à croire que les vents les plus procelleux, les plus orageux, les plus pluvieux, qui sont le N. E. et le N. O (*greco e maestro*) ne sont autre chose que les vents sciroc et libéche repercutés. On peut en dire autant du Ponent et du Levant, tous deux distinguès en *vrais* et *reflèchis*, tant par la chaine des Alpes, que par celle des Apennins.

Du reste, tous ces vents ne sont pas, à beaucoup près, également propres à dissoudre, à propager, les exhalaisons paludeuses, les germes méfitiques et miasmatiques des lieux et des cadavres pourrissants. L'observation a prouvé que l'austral *et* ses deux collatèraux, y sont bien plus favorables que les autres; que même parmi ces derniers, les vrais et pleins vents du Nord, sont plutôt les correctifs de ces poisons régionaires, terrestres et atmosfériques. C'est donc principalement dans la nature, la force et la durée des ventilations, que consistent leur génération et leur propagation, leur dispersion et leur extinction.

„ *Atque ea vis omnis morborum, pestilitasque,*
„ *Aut extrinsecus, ut nubes, nebulaeque superne*
„ *Per coelum veniunt, aut ipsa saepe coorta*
„ *De terra surgunt, ubi putrorem humida nacta est,*
„ *Intempestivis pluviisque, et solibus icta.* „

Lucrèce de Nat. rer